KB090483

Introduction to
Food Science

식품의 기본적 특성, 성분, 기능 등에 중점을 둔 조리사를 위한

식품학개론

오혁수 저

ß (주)백산출판사

식품이란 인간이 식용할 수 있는 모든 것을 말한다. 물론 여기에 유해물은 포함되지 않는다. 식품의 정의와 유해물이라는 명칭의 중심에는 '인간'이 자리 잡고 서 있는 것을 볼 수 있다. 즉 인간 중심에서 바라본 먹거리가 식품이라는 것이다. 만약 맹수의 입장에서 식품학이 존재했다면 아마 인간도 포함되었을 것이다. 다소 엽기적으로 들렸겠지만, 우리가 지금 먹고 있는 식품에 포함된 동·식물들의 입장에서 보면, 어쩌면 자신들을 식용으로 애용(?)하는 인간이란 존재가 혐오의 극치를 느끼게 하는 대상이었을 것이다. 어쨌든 우리 인간들은 수많은 종류의 생물들을 식품이라는 명칭 아래 나름 종류대로 분류하고, 그 특성을 연구하며 먹고 있다. 그 식품을 좀 더 맛나게 먹기 위해 조리(調理)라는 독특한 인간들만의 방법까지 고안해 가면서 말이다.

이 책을 보는 이들은 대부분 '조리사'라는 직업을 온전히 감수해 내기 위해 공부하고 있을 것이다. 하지만 나는 반대로 조리사를 하면서 식품지식의 필요성을 뼈저리게 느꼈었고, 그 갈증을 해결하기 위해 틈만 나면 대형서점에 가서 식품에 관련된 책을 읽다가, 아예 전공을 바꾸어 대학원까지 가서 식품공학을 전공하게 되었다. 그러다가 대학 강단에 서고 보니, 식품학을 배우는 목적이 영양학이나 식품공학이 아닌, 단지 조리를 하기 위해 배우는 "식품학개론"의 필요성을 인지하게 되었다. 그래서 내용이 그다지 깊지는 않지만 범위를 폭넓게 다루었고, 조리 시 반드시 알아야 하는 식품의 기본적인 특성이나 성분, 기능 등에 중점을 두어 서술하였다. 따라서 이 책은 암기보다는 전체적으로 이해하도록 구성하였고, 그 내용을 바탕으로 조리원리 등 관련 이론과목과 연계하여 공부하고 조리실습을 하는 데 도움을 줄 수 있도록 편집하였다. 또한 뒷부분에서는 현대 식생활에서 주목받는 인간의 건강을 위한 기능성 식품을 다루었고, 기타 식품은 패스트푸드와 슬로푸드에 대한 것으로, 우리 식생활의 흐름 속에서 중요한 요소를 각자 판단해 주기 바라는 마음을 담아 마무리를 지었다. 그래서 여러분들이 이 책을 통해 식품의 기본적인 요소들을 잘 이해하고 활용하여, 각자의 위치에서 훌륭한 조리인의 모습으로 성공할 수 있기를 바란다.

끝으로 부족한 내용을 책으로 엮어주신 백산출판사의 진욱상 회장님과 편집부에 감사를 드리며, 인간들이 세상에서 먹는 기쁨을 누릴 수 있도록 창조해 주신 하나님께 감사를 드린다.

2021년 6월
오 혁 수

Contents
차 례

Introduction to Food Science

식품학의
개요

01

Chapter

1. 식품의 정의를 이해하고 식품이 인간에게 주는 삶의 의미를 생각해 봅니다.
2. 식품과 관련된 학문분야의 다양성을 살펴보고, 본인의 관심분야를 마음에 새겨
   둡니다.
3. 식품학의 연구동향을 훑어보면서 인류의 미래 식생활을 상상해 봅니다.

Chapter 01 식품학의 개요

1. 식품이란?

(1) 식품의 정의

❖ 식품위생법에서의 정의

모든 음식물을 말한다.

❖ 사전적 의미

사람이 일상적으로 섭취하는 음식물을 통틀어 이르는 말

❖ 세계보건기구(WHO, World Health Organization)의 정의

인간이 섭취할 수 있도록 완전 가공 또는 일부 가공한 것
또는 가공하지 않아도 먹을 수 있는 모든 것

❖ 식품의 정의

그러므로 일반적으로는 식품을 이렇게 정의할 수 있다.
유해물을 포함하지 않으며 영양소를 한 종류 이상 포함하고 있는 천연물
또는 가공물로서 인간이 식용할 수 있는 것

❖ 식품(食品; Food material, Food) = 식료품(食料品; Foodstuff)

식품은 다른 말로 표현하면, 음식의 재료가 되는 물품, 즉 식료품이라고 할 수 있으며, 인간이 특히 혐오를 느끼지 않게 식용에 쓰일 수 있고, 독성 등이 있는 유해물을 포함하지 않는 천연물이나 그것을 가공하여 만든 가공품을 포함한다고 할 수 있다.

즉 식품이란 인간이 생명을 유지하기 위해 반드시 섭취해야만 하는 음식물이라 할 수 있으며, 이것의 도움으로 인체가 정상적인 생활을 영위해 나갈 수 있는 것이다.

TIP

학자에 따라서는 식품과 식료품을 세분하는 경우도 있다. 즉 바로 먹을 수 있는 것(과일 등)을 식품이라 하고, 조리 또는 가공을 거쳐야 먹을 수 있는 것(쌀 등)을 식료품 또는 식재료라고 표현하기도 한다. 또한 식품의 분류에 있어서도 그 기준이 다양할 수 있다. 예를 들면 아래와 같이 나눌 수 있으며, 다른 기준을 새로이 세울 수도 있다.

① **공급원**에 따라 식물성 식품, 동물성 식품, 광물성 식품 등
② **식품의 종류**에 따라 곡류, 두류, 서류, 채소류, 과실류, 어패류, 식육류, 해조류 등
③ **영양성분**에 따라 전분질식품, 단백질식품, 지방질식품, 비타민식품, 무기질식품, 섬유질식품 등
④ **가공 여부**에 따라 천연식품, 가공식품, 반가공식품, 기호음료 등
⑤ **생산방식**에 따라 농산식품, 수산식품, 축산식품, 임산식품 등
⑥ **조리 및 섭취방법**에 따라 주식류, 부식류, 기호식품, 향신료, 조미료 등
⑦ **포장 및 가공방식**에 따라, 통조림식품, 레토르트식품, 즉석식품, 건조식품, 냉동식품, 발효식품 등
⑧ **용도**에 따라 휴대식품, 저장식품, 비상식품, 구황식품 등

❖ 식품의 분류

　우리가 일상생활에서 섭취하는 식품들은 생산방식에 의한 분류(농산물 · 축산물 · 수산물 등), 원료에 의한 분류(동물성 · 식물성 식품 등), 주요 성분에 의한 분류, 용도에 의한 분류 등 그 관점이나 목적에 따라 다양하게 분류된다(p.13 참조). 최근에는 품종개량과 가공기술의 발달로 수많은 종류의 식품들이 새로이 생겨나고 있으며, 식품의 가공기술이 향상되어 식생활 유형과 소득수준에 따라 식품이나 식사의 선택이 다양화 · 세분화되고 있다.

❖ 생산방식에 의한 분류

농산물

- 곡류 · 두류 · 과실류 · 채소류 등이 포함된다. 농산물 중 주요한 것은 곡류인데, 각 지역에서 기후에 따라 작물화(作物化)한 식물종(植物種)이 재배된다. 그 중에서도 생산량이 많은 것은 쌀 · 밀 · 옥수수이고, 이러한 곡류 다음으로 생산량이 많은 것은 채소와 과실인데, 이들은 수분의 함량이 많아 실제 공급 에너지는 적으나, 비타민, 무기질 등의 미량성분을 많이 함유하고 있다.

축산물

- 육류, 우유 및 우유로 만든 유가공품 등의 유제품이 여기에 포함되며, 최근 패스트푸드의 범람과 육류의 소비 증가로 소, 돼지, 닭 등의 축산물 대량 사육 및 대량 유통에서 발생되는 윤리, 위생, 환경 등에 관한 문제가 심각하게 대두되고 있다.
  육류의 과다 섭취로 인한 질병 발생과 비만 등이 문제되자 이를 염려하는 이들로 인하여 최근에는 축산물보다 수산물의 소비가 늘어나는 실정이다.

수산물

- 생선 등의 어류와 조개 등의 패류를 포함하는 어개류(魚介類)와 바다의 포유류 인 고래류[鯨類], 그리고 해초라고도 불리는 해조류(海藻類) 등이 포함된다. 건 강과 담백한 맛을 추구하는 현대인의 입맛에 의하여 수산물 식품 소비의존도 가 높아지고 있으나, 무분별한 남획과 오염으로 수산자원이 고갈되고 있어 이 에 대한 대책이 절실히 요구되고 있다.

임산물

- 버섯류, 약초, 산채류(山菜類) 등의 일부는 구황작물로 활용되기도 했으나, 임 산물의 항산화, 항암작용 등의 효능이 확인되면서 요즘에는 건강식품으로 각 광받고 있다.

광물성 식품

- 암염에서 추출한 식염 등이 있으나 실제로는 해수염을 주로 많이 사용한다.

기타 식품

- 유지류, 조미료, 향신료, 기호음료, 과자류, 양조식품, 화학 합성품, 기타 가공 품 등이 다양하게 생겨나고 있다.

(2) 식품의 기본요건

식품이 인체의 생명을 유지하는 목적을 달성하려면 영양성, 기호성, 안전성 등의 요건을 충족하여야 한다.

최근에는 경제성과 실용성을 포함하기도 하지만, 본 학습에 제시한 세 가지가 주요 핵심이며, 이는 조리의 목적과도 같은 내용이다.

식품의 기본요건 = 조리의 목적(영양성, 기호성, 안전성)

◈ 영양성

식품을 구성하는 성분은 상당히 많으나 인체에 필요한 성분을 영양소라고 하여, 단백질, 지방, 탄수화물, 무기질, 비타민 등으로 나누고 있으며 이를 5대 영양소라고 한다. 식품이라고 하면 이러한 영양소를 공급할 수 있도록 영양적 가치가 있어야 한다.

◈ 기호성

우리의 인체는 식품의 섭취를 통하여 영양소를 공급받기도 하지만, 식품을 먹음으로써 식욕을 충족시키고, 맛과 향을 즐길 수 있도록 색, 냄새, 맛 그리고 물리적인 특성 등의 기호적인 가치를 가지고 있어야 한다. 즉 시각적·후각적·미각적으로 '사람들의 기호도'를 충족시켜 줄 수 있어야 한다.

◈ 안전성

생명을 유지하기 위하여 섭취하는 음식물을 통하여 인체에 해가 되는 성분이 함유되지 않도록 위생적으로 안전해야 한다. 식중독을 일으킬 수 있는 식중독에 관련된 균, 인체에 유해한 중금속, 농약, 독성물질 등이 식품을 통하여 인체에 들어오지 못하도록 해야 하는 것이다.

TIP

식품의 또 다른 요건 '경제성'

식품이 아무리 영양적 · 식품적 가치가 높고 앞의 세 가지 기본요건을 충족하였다 할지라도 식품의 값이 너무 비싸면 이용하기가 사실상 불가능하다. 예를 들면, 동결건조식품은 식품을 동결시키면서 건조시킨 것으로 수분만 보충하면 거의 원형상태로 복원이 가능해서 오래도록 보존할 수도 있다.

하지만 제품을 가공하는 데 너무 많은 비용이 들어 현재는 특수하게 이용되는 제품에만 활용되고 있다. 즉 식품이 식품으로서의 요건을 온전하게 충족하려면 경제적인 가치도 생각하여 금액이 너무 많이 소요되는 식품은 그 요건을 충족시켰다고 볼 수 없다는 것이다.

그리고 식품에는 섬유소와 같이 영양적 가치는 거의 없으나 정장작용을 하는 성분과 면역기능에 관계되는 성분 및 기타 다른 기능을 가지는 것도 있으므로 식품의 요건을 좀 더 다각적인 시각으로 바라볼 필요가 있다. 식이섬유는 일부 학자들에 의해 새로운 영양소로서의 가치를 인정받아 인체가 건강을 유지하는 데 매우 유용한 식품자원으로 주목받고 있다.

2. 식품과 관련된 학문분야

(1) 식품화학

식품의 조성, 구조특성과 화학적 변화를 연구하는 학문분야

▶ 식품화학(Food Chemistry)

식품을 화학적인 입장에서 연구하는 학문으로 식품의 기본 성분인 수분, 지방, 단백질, 탄수화물, 비타민 등에 대하여 그의 이화학적 성질, 식품에서의 역할, 가공 및 저장 중의 변화에 대한 사항 등을 연구

▶ 생화학(Bio Chemistry)

생명과학, 세포의 구조, 아미노산, 단백질의 구조와 기능, 효소, 보조효소, 지질과 생체막, 핵산 등에 대한 내용 및 에너지와 생명, 광합성, 유전자, 유전정보, DNA 재조합 등에 대한 내용을 연구

▶ 유지화학(Fatty Chemistry)

식용유 등의 식물성·동물성 유지의 화학적 특성과 가공품의 개발 및 응용방안 연구

▶ 식품분석(Food Analysis)

식품의 정량적 분석에 필요한 기초이론 및 각종 분석방법 등을 식품에 응용하는 방안을 연구하는 분야로서 식품의 저장, 가공, 조리 등에 관한 기초적 원리와 응용자료로 사용

(2) 식품미생물학

식품과 관련된 미생물의 종류 및 그 작용, 영향 등에 관한 연구분야

▶ 식품미생물학(Food Microbiology)

미생물학 및 그 이용학의 발전사, 미생물의 분류학상의 위치, 세균, 효모, 곰팡이, 바이러스 등에 관한 기초적인 내용을 중심으로 미생물의 대사, 생리, 균체성분, 세포구조, 미생물에 기인한 변패 및 유전자공학 등을 연구하는 학문분야

▶ 발효공학(Fermentation Technology)

세균, 효모, 곰팡이의 물질대사 기능을 이용하여 식품, 의약품, 에너지, 신소재 등을 생산하는 이론적 배경과 공정 등을 연구하는 분야

▶ 분자생물학(Molecular Biology)

생리활성을 분자 수준에서 이해하는 안목을 기르기 위하여, 주로 단백질과 핵산의 상호작용에 의한 핵산의 복제, 전사, 해독 등에 관한 사항과 미생물에 있어서의 유전자 발현 조절 등의 분야를 연구

▶ 양조학(Zymurgy)

미생물 중에서 주류의 발효에 관계된 것들의 작용기작과 양조법 등의 응용방안을 연구

▶ 식품위생학(Food Hygienics)

식품미생물학의 두 영역(식품관련 질환 및 식품변질) 중 식품에 의해 매개되는 질환분야를 연구

▶ 공중보건학(Public Health Education)

환경 중 인체의 보건에 관계되는 여러 물질 및 현상에 대한 사항과 그 대책 등에 대한 연구

(3) 식품공학

식품가공에 이용되는 공학의 개념과 단위조작에 관한 학문

▶ 식품공학(Food Science)

식품가공에 사용되는 개개의 물리적 · 기계적 조작의 원리와 그 이용, 그리고 응용분야에의 활용방안 등 공업적 생산체계에 대하여 연구하는 학문분야

▶ 식품물성학(Food Rheology)

식품의 물리적인 특성, 즉 식품 텍스처(texture)의 기계적 · 기하학적 · 촉감적 특성과 측정원리를 이해하며, 실제 실험을 통해 식품의 텍스처를 측정하여 데이터를 해석하는 방법을 연구하는 학문분야

▶ 가열살균(Heat Sterilization)

식품의 제조 및 유통과정 중 식품의 변질을 방지하기 위하여 공업적 또는 대량적으로 식품을 제조할 때 가치를 드높일 수 있는 방법을 가열살균을 중심으로 이론과 실제적인 면을 검토 · 비교하는 것

▶ 식품건조이론(Theory of Food drying)

식품공업에 주로 사용되는 건조식품에 대한 이론, 식품건조장치의 원리와 조작, 건조식품의 상품적 가치 등에 대한 연구

(4) 식품가공학

수확, 저장가공, 포장, 폐기물, 위생 등에 관한 학문분야

▶ 식품첨가물(Food Additive)

식품에 사용되는 첨가물의 안전성 및 법적 규제와 천연 및 화학적 합성 첨가물에 관한 연구

▶ 식품냉동학(Food Freezing)

냉동의 기초와 원리를 바탕으로 식품의 저온유통, 냉장 또는 동결식품 등의 응용분야 연구

▶ 식품가공학(Food Technology)

농산 및 수산식품 원료의 특성 및 가공에 따른 성분변화를 이해하고, 가공공정의 개발 연구

▶ 축산가공학(Meat Technology)

식육 및 가금류 등의 전반적인 사항과 가공을 위한 방법 등을 연구

▶ 식품조직학(Food Histology)

식품의 성분 중 주로 어류와 식육류의 구조적인 특성을 연구

▶ 식품재료학(Food Materials)

식품을 가공 또는 조리함에 있어 재료적인 측면에서 각각의 특성 및 이용방법 등을 연구 개발

▶ 식품저장학(Food Preservation)

식품의 보존 및 저장법에는 냉동, 냉장, 가열살균 등에 의한 물리적 방법과 첨가물 사용에 의한 화학적 방법 및 유익한 미생물을 이용하는 미생물학적 방법 등이 있으므로 이들에 대한 각종 저장방법 및 방사선 처리방법 등을 취급

(5) 식품영양학

영양의 흡수, 합성, 저장 등 인체 내 생리적 작용에 관한 학문분야

▶ 영양학(Nutrition)

인체의 여러 질병 및 영양상태에 따른 생체 내의 변화를 영양학과 병리학적 이론에 기초하여 건강회복을 위한 영양관리 측면에서 식이요법의 최근 동향에 관해 연구

▶ 생리학(Physiology)

인체의 각 조직 및 기관의 생리적 기능 및 기전을 다루며, 인체에 필요한 각종 영양소의 성질, 기능 및 인체 내에서 이들 물질 상호 간의 변화를 연구

▶ 식이요법(Dietetic Treatment)

식사요법, 식물요법, 음식치료법이라고도 함. 식사를 통해 인체에 적절한 영양을 공급함으로써 각종 질병을 개선·회복시키려는 치료방법으로서 약물요법 및 간호와 유기적인 관계를 갖는다.

기본원칙은 다음과 같다.

- 최적의 영양소를 구성·공급하며, 환자의 증세에 따라 특정영양소를 적절히 조절한다.
- 소화가 잘되는 식품과 다양한 조리법을 이용한다.
- 환자의 식습관과 기호 및 심리작용을 고려하여 식사의 안정성에 유의한다.

▶ 영양화학(Nutrition Chemistry)

식욕, 소화흡수, 영양소의 대사, 에너지 전신대사, 열량소의 영양가, 무기질 및 비타민의 영양, 주요 식품의 영양적 특징 등의 연구를 통하여 생화학과 식품화학적 지식의 토대 위에 인체의 건강 유지 및 증진의 원리를 규명하고, 인체의 영양관리를 위하여 올바른 식생활과 건강 유지 및 증진 등의 상호관계를 이해하고 무병장수 방안을 연구 모색하는 분야

(6) 조리과학

최근에 도입된 개념으로 식품의 조리에 관련된 화학·물리적인 학문분야

▶ 식품학(Food Science)

식품의 주요 성분인 탄수화물, 단백질, 지방 등의 물리·화학적 성질에 대하여 포괄적으로 연구하며, 식품의 종류에 관하여 개괄적으로 연구하는 분야

▶ 조리학 또는 조리원리(Cookery Science)

식품의 조리과정을 과학적인 방법으로 연구하고 각 식품의 특성을 고려하여 새로운 조리방법의 개발영역을 연구하며 조리과정에서의 과학적인 원리를 연구하는 분야

(7) 기타 식품관련 과목

▶ 식품법규

식품 중에서 특히 위생에 관련된 법규의 적용 및 해석, 식품위생법의 분석 및 해설

▶ 관능검사

식품의 맛이나 감각적인 것을 검사하는 관능검사 방법의 원리, 방법, 응용 및 체계적이고 전문적인 접근방법과 주관적인 품질측정방법을 객관적인 품질측정방법과 관련시켜 데이터를 해석하는 방법 등에 대한 연구

▶ 독성학

식생활 환경에 존재할 수 있는 독성물질들을 파악하고 이들의 성상 및 인체에의 유해성을 구명하며, 독성작용에 대한 다방면의 검정 및 독작용의 원리를 이해하여 이들로 인한 피해 저지 방안 연구

▶ 통계학

자료의 정리에서 계열별 분석, 확률이론에 따른 여러 가지 검정 및 추정방법,

실험설계 및 실험법 등의 통계학에 대한 기본 개념을 이해하고 실험의 결과를 분석하는 분야로 식품관련 대학원에서 거의 필수적으로 다루는 과목

▶ 일반화학

화학의 일반적인 기초사항과 물질 및 에너지 수지 단위조작, 반응공학 및 공정제어 등에 대한 연구분야로 식품과학의 기초

▶ 유기화학

결합과 이성질 현상 등 각종 물질들의 유기적인 결합에 의한 변화를 화학적으로 규명·제어하는 것을 연구하는 기초화학분야

▶ 일반미생물학

유전공학, 생물공학, 분자생물학 등의 발전과 그 응용인 미생물유전학 분야 연구

▶ 생물공학

생물산업의 근본이 되는 일반적 이론에 대하여 이해하고, 생산주체인 생물세포, 세포의 유전자조작, 생물의 배양방법, 살균, 분리, 정제 등 단위공정에 대해 연구

TIP

연구분야에 따른 과목 분류

여기에서 열거한 과목들 외에도 더욱 깊이 들어가면서 세분화되는 과목이나 분야들도 있다. 그리고 위에서 나눈 범위는 저자 개인적인 판단이 앞선 만큼 다른 의견을 보일 수 있는 여지가 있을 수도 있다. 또한 각각의 분야에 포함된 과목들도 중복적으로 적용될 수 있음을 유념해 주시기 바란다.

예를 들면, 식품학은 위 모든 분야의 기본적인 과목으로서, 조리과학에만 국한되지 않으며, 식품화학 등은 영양학 분야에서 중점적으로 연구되는 기본적인 과목일 수도 있다는 것이다. 이외에도 식품에 관련된 좀 더 세부적인 학문분야가 더 많음을 인지하고, 조리를 배우고 익혀서 조리인으로 발돋움하기 위해서는, 식품학에 관련된 학문들을 폭넓게 이해해야만 할 것이다.

3. 식품학의 연구동향

(1) 식품의 역사

❖ 시기별 식품의 역사

우리의 인류가 지구에서 직립보행(直立步行)으로 진화된 것은 약 50만 년 전이라고 알려지고 있으며, 그때부터 불을 사용하여 음식을 익혀 먹었다고 전해지고 있다.

기원전 11000년경 빙하기가 마지막으로 물러났고, 기후가 따뜻해지면서 초목지대의 양상이 변화되어 동물들은 숲 주변에서 번식하였다.

빙하기가 지난 지 2000여 년 뒤에야 식물의 경작과 가축의 사육이 시작되고, 촌락이 세워져 정착농경이 시작되었으며, 문명이 발달하기 시작하였다.

❖ 수렵, 채집, 사육

수렵

- 씨족 공동체 : 창이나 화살을 이용한 사냥
- 자연현상에서 불의 이용과 냉동, 건조에 의한 식품 보존지식을 습득

채집(선사시대)

- 채소나 열매 : 순무, 양파, 무 등
- 조개 및 고기잡이 : 카누와 뗏목 이용, 어망 발견

사육

- 개 : 12000년 전 수렵용으로 이용
- 소 · 말 · 양 · 돼지 : 6000~8000년 전
- 닭 : 3000~4000년 전

❖ 농경의 발전

초기농경

- 이동식 원시농경 : 영속적 거주가 불가하여 수확이 줄면 이주하여 개간
- 농기구의 사용 : 호미, 갈퀴 등의 원시적 농기구 사용

신석기시대

- 세계적으로 신석기시대 이후에 식물 재배
- 석기로 된 농기구 이용 : 갈돌, 돌낫, 돌보습 등
- 보리와 밀, 벼의 재배 시작

청동기시대

- 농경의 발달, 국가의 형성
- 약탈과 영토 확장을 위한 전쟁, 문화교류 활발
- 조, 피, 수수, 벼, 보리, 콩 등을 재배

삼국시대

- 철기 제조, 노예 및 계급의 출현, 농업의 기본 산업화
- 벼농사 발달 : 농산물의 양산, 음식의 조리가 공법 발달
- 병과류, 차 등 이용 활발, 중국의 음식 유입
- 발효음식(장)과 술의 제조

❖ 조리법의 발전

불의 발견

- 지금으로부터 약 50만 년 전에 인류가 불을 발견하면서부터 조리법이 개발되고 발전하기 시작
- 자연발화로 인한 화재로 동물이 타죽은 시체를 맛보고 불을 이용할 생각을 했을 것으로 추측
- 이후 발화석(부싯돌) 등을 이용하여 인공발화로 불을 조리에 이용

토기 사용

- 인류가 기원전 6000년경 토기를 사용하기 시작하면서 조리법이 계속 발전
- 사냥용 도구나 조리 시 식품을 절단 및 손질하기 위한 도구로 이용

삼국시대 이후

- 농산물 양산과 더불어 조리법 발달. 불교와 함께 병과 및 차를 이용

고려시대

- 권농정책으로 농업이 발달하나, 불교의 영향으로 육식을 절제
- 채식과 김치의 발달(장이나 소금에 절인 김치, 물김치)

조선시대

- 양곡이 주식이고, 채소 및 과일 종류를 다양하게 이용
- 생선 및 수조육류를 이용한 조리법이 발달
- 불교를 배척하고 유교를 숭배하면서 차문화에서 술문화로 전환
- 고춧가루 사용, 김치에 젓갈 등 동물성 재료의 유입
- 통배추김치의 등장
- 구황작물의 이용(메밀, 고구마, 감자)

(2) 식품학의 연구동향

❖ 영양학적인 연구

19세기 말 오스본 등의 가축영양학자들의 연구에 의해 영양학의 기초 마련

연구방향

  축산에 이용되는 사료의 효율을 높이기 위해 동물에게 여러 가지 성분을 섭취하게 하여 성장속도와 질병발생 여부를 관찰하여 비타민 등의 필수 영양소가 부족하면 성장이 저해되거나 질병에 걸리게 된다는 사실 인지

이론의 적용

  동물들에게 사료를 적게 주고 빨리 성장시키기 위해서 주는 고지방, 고단백 위주의 식품은 양질의 식품이며 탄수화물이나 섬유소가 많은 식품은 저질로 분류하였다. 그리하여 인간에게도 고단백, 고칼로리의 식사를 하도록 하여 건장한 몸을 가지는 것이 건강한 것으로 인정

적용의 오류

  결국은 가축영양학이 사람에게 적용되어 사람의 몸을 불리기 위한 목적으로 사용되어, 다량의 단백질과 지방의 섭취를 권장하는 바람에, 인류는 각종 질병의 원인이 되는 비만의 문제에 봉착

연구방향의 전환

  고단백, 고지방에서 저지방, 고단백으로 그리고 탄수화물이나 무기질, 섬유소가 많은 식품을 중히 여기며 고품질의 영양이 아닌 영양의 전반적인 균형으로 연구의 방향을 전환하였다. 또한 생리활성 능력이 있는 기능성 식품을 발굴하여 잘못된 식이습관으로 인한 오류를 식사요법 등으로 타개해 나가려는 노력 이행

❖ 조리학적인 연구

연구의 시초

- 허기를 면하기 위해 즉 배를 채울 목적으로 시작
- 양을 중시한 생산원칙에 입각하여 맛보다는 양을 불리기 위한 조리 실시

연구의 진행

- 맛과 향 등의 기호적인 방향으로 흘러, 색소나 향료 등의 첨가물을 지나치게 사용
- 고단백, 고지방의 식재료 연구에 중심을 두고 진행해 나감
- 맛과 향이 좋은 음식들이 많이 개발되어 인기를 누리며 섭취

연구방향의 전환

- 맛에 관점을 둔 조리식품은 영양의 불균형으로 인해 인간의 건강을 위협하게 됨
- 건강식, 다이어트식이의 중요성이 대두되어 식생활 방향이 전환됨
- 채소, 섬유소, 무기질, 비타민 등이 다량 함유된 식품의 조리를 연구
- 맛과 기호를 중심으로 하던 것에서 건강 유지를 위한 방향으로 초점 변경

기능성 식품의 조리

- 식품의 기능성과 생리활성의 규명 및 활용
- 기능성 식품, 건강식품 등의 식품들을 먹을 수 있도록 하기 위한 식품 가공 및
  조리기술 연구

TIP

[참고도서 소개] 요리의 과학

요리에 관계된 화학과 물리학을 이해하면 주방에서 일어나는 모든 일을 개
선할 수 있을 것이다. 왜 어떤 요리법은 효과가 있지만 다른 요리법은 실패
하는지 알고 싶어 하는 사람들은 그 배후에 숨어 있는 과학적 과정을 이해
함으로써 훌륭한 요리 '예술'의 신비를 터득하게 될 것이다.

저자 피터 바햄 | 역자 이충호 | 출판사 한승

❖ 식품학적 연구

연구의 시초

음식물 섭취를 통한 생명의 유지에서 시작, 건강한 삶의 영위를 위한 목적으로 연구하기 시작하였다. 일단은 배고픔을 면하고 많이 먹고 힘을 낼 수 있도록 식품의 질보다는 양에 치중하는 경향이 있었다.

연구의 진행

식품의 다양성에서 찾을 수 있는 여러 가지 맛과 유형의 변화를 위해 식품의 가공 및 저장으로 효율적인 식량을 보급하기 위한 목적으로 연구되었으나, 영양불균형과 식품 유해성으로 연구의 방향이 수정되었다.

연구방향의 전환

현재는 영양의 불균형을 해소하고, 식품으로부터 유래된 발암성 및 유해물질을 극복하며 환경으로 인한 질병에서 해방되기 위하여, 식품이 가지고 있는 기능성 규명과 생리활성물질을 함유한 건강기능성 식품을 연구하면서 건강하게 장수할 수 있는 방안을 모색하고 있다.

TIP

[참고도서 소개] 음식과 요리

세상 모든 음식에 대한 과학적 지식과 요리의 비결을 가장 간결하게 표현한 책으로, 1,260페이지에 이르는 방대한 분량으로 각 식품별 특성을 아주 상세하게 묘사하고 있으며, 요리책이면서도 과학적, 역사적, 문화인류적인 차원에서 다각적으로 설명하고 있다. 요리하는 사람이라면 반드시 소장할 가치가 있는 책이라 할 수 있다.

저자 해럴드 맥기 | 역자 이희건 | 출판사 이데아
원제 On Food and Cooking : The Science and Lore of the Kitchen

(3) 세계의 식량사정

북아메리카

- 식량이 남아돎. 음식의 과다 섭취로 비만이 사회적 문제로 대두됨

유럽

- 다량의 작물 생산으로 식량공급은 충분하나 빈익빈, 부익부 현상이 나타나고 있음

남아메리카

- 브라질, 아르헨티나, 우루과이를 제외하고는 식량 부족

아프리카

- 곡류, 감자 및 두류에 의존하며 육류는 적게 섭취, 영양부족이 가장 심각

아시아 및 우리나라

- 50% 이상이 곡류에 의존. 거의 자체 생산 및 소비하지만 부족분은 서양에서의 수입에 의존
- 쌀, 밀, 옥수수 부족 현상으로 수입에 의존. 육류, 수산물 소비의 급증으로 대량 수입

❖ 식량수급 요인

인구 및 소득수준 문제, 인구증가에 못 미치는 식량
농업기술에 대한 투자, 기후 및 토양, 해양 등의 상태

❖ 식량부족 해결방안

농업의 기술개선을 통한 식량증산, 가공기술 발달로 저장 및 가공품 개발 및 보급
전 세계적인 균등분배 노력, 지역에 따른 인구조절

식량전쟁

시장이나 대형마켓에서 장을 본 적이 있는가?

혹시 경험이 있다면 장을 보면서 원산지를 표기해 놓은 것을 확인해 본 적이 있는가?

상당수의 채소류가 중국에서, 해산물들은 동남아에서, 육류는 서양에서, 곡물 역시 미국에서 수입된 식품임을 확인할 수 있을 것이다.

인류가 지난 반세기 동안 신경전을 벌인 것이 에너지라면, 이후에는 식량으로 인한 전쟁이 생겨날 가능성을 염려하는 목소리가 커지고 있다. 식량을 생산할 수 있는 종자나 대량 생산할 수 있는 기술 또는 능력을 일부의 세계적인 대기업에서 장악하고 있기 때문이다.

처음에는 거의 무료로 얻어 쓰다시피 하던 밀가루나 우유, 옥수수가루 등을 외국에서 돈을 내고 사오기 시작한 지도 꽤 오래되었고, 그것들의 가격 오름세가 심상치 않다.

우리나라의 곡물자급도가 이미 30%도 안 되고, 쌀을 제외한 식량 자급도는 5% 정도라고 하니 미래의 식량문제는 심각하다고 하지 않을 수가 없다. 우리에게 식량을 수출하던 국가에서 식량수출을 전면 금지하기라도 한다면 그것은 식량이 아닌 무기가 되어 우리에게 치명상을 입힐 수도 있으리라. 따라서 식량수급에 대한 국가적인 대비책이 마련되어야겠다고 생각한다.

Remind

1. 식품에 관련된 학문분야에서 내가 가장 관심 있는 분야는 무엇이며, 그 이유는 무엇인가?

2. 현재까지의 식품 연구를 바탕으로 미래에는 어떠한 식품문화가 이어질지 예측해 보라.

3. 조리사에게 있어 식품이 가지는 의미는 무엇인가?

Introduction to Food Science

식품의
구성성분

02

Chapter

1. 식품의 구성성분을 보면서 억지로 외우려 하지 마시고, 그 성분들이 우리의 먹거리 속에 다양하게 분포되어 있는 것을 살펴봅니다.

2. 식품의 각 성분들이 인체의 건강을 유지시켜 주는 것과 감각기관을 자극하여 음식의 맛과 향기를 느끼게 해주는 것을 이해합니다.

3. 식품들이 섭취과정을 통해 인체에서 분해되어 여러 성분들로 나누어지는 과정에서 식품성분이 가지고 있는 에너지가 인체에 흡수되어 사용되면서 인간이 생활을 영위해 나갈 수 있는 원리를 이해합니다.

4. 이러한 성분들을 어떻게 잘 유지하여 조리할 수 있을까?라는 질문을 각자 자신에게 던지며 고민해 봅니다.

　식품을 구성하는 물질들을 살펴보면 우선은 식품의 영양적 가치가 있는 일반성분과 식품의 맛이나 향에 관여하는 특수성분 등으로 크게 양분할 수 있다.

　여기에서 특수성분으로는 향을 내는 정미물질, 독성을 나타내는 독성물질, 맛에 관여하는 맛성분물질, 그리고 식품에 변화를 일으키는 효소물질 등으로 나타낼 수 있으며, 일반성분은 크게 수분(물)인 것과 건더기의 모양이 있는 고형물질로 나누어볼 수 있다.

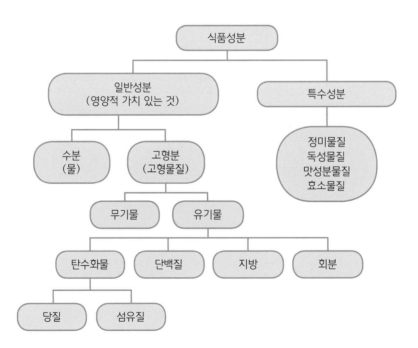

여기서 관심 있게 보아야 할 것은, 바로 이 고형물질이 우리가 다루어야 하는 영양소가 포함되는 부분이라는 것이다. 고형물질 중에서 유기물이 탄수화물과 단백질, 지방 및 회분을 포함하는 영양소들이고, 여기에서 탄수화물은 당질과 섬유질을 포함하게 된다. 무기물은 생활기능을 갖지 않은 물질, 즉 공기나 금, 은, 흙 따위의 광물류를 말한다.

1. 물

(1) 물의 구조와 특성

❖ 구조

물은 수소 원자 2개와 산소 원자 1개가 공유 결합하여 분자를 이루고 이 분자들이 서로 엉켜서 액체상태를 이루고 있다.

❖ 특성

- 물은 4℃에서 밀도가 가장 크다.
- 얼음이 되면 밀도가 작아지기 때문에 부피가 더욱 커진다.
- 식품을 냉동하면 얼음이 팽창되어 조직이 파괴되고 생선의 경우 해동 시 드립(drip)현상이 나타나 식품의 선도를 급격히 떨어뜨린다.
- 물은 여러 가지 화학물질들을 녹일 수 있는 용매(solvent)의 성질을 지녀 커피 등의 향미물질이나 과일 등에 들어 있는 당분을 녹일 수 있다.

❖ 물의 역할

- 인체에서 65% 이상의 비중을 차지하며 20%의 수분을 잃으면 생명이 소실되고 체내의 모든 대사작용에 필요(영양분과 노폐물의 운반, 체온조절)하다.
- 액상식품의 물성(채소나 과실류의 씹힘성)에 관여한다.
- 식품의 저장 : 식품의 건조 시 수분의 함량을 줄여 미생물의 생육을 억제하여 저장성을 높이고, 냉동 시에는 얼음으로 존재하며 식품과 공기와의 차단벽 역할을 한다.

물의 과학

물은 수소와 산소의 화합물로서 분자식은 H_2O이다. 물은 자연에서 얼음이나 '눈' 같은 고체상태, 즉 '물'과 같은 액체상태, '수증기' 같은 기체상태로 존재한다. 물은 가장 풍부한 자연물 가운데 하나로 화합물의 기본요소이기도 하다. 모든 동식물 조직의 세포와 많은 광물 결정의 성분이며 생물계에서는 동식물의 영양섭취를 비롯해 모든 생명현상에 필수적이고 중요한 역할을 하고 있다. 한편, 자연과학과 공업분야에서도 물은 매우 폭넓게 이용되고 있다. 예를 들어 용매, 촉매, 화학반응의 매질로써, 그리고 어떤 종류의 물리단위(예를 들면 리터와 칼로리)의 구체적인 표시기준으로서뿐 아니라 여러 가지 물리적 성질(예를 들면, 비중과 상대 점성)을 비교할 때의 표준물질로서, 또 물질 수송과 폐기물 처리의 운반수단으로서, 희석제·분산제·냉각제로서, 더 나아가 열 생성·열 분배 그리고 수력발전에도 이용되고 있다. 물은 상온에서 무색·무미·무취의 액체이다. 자연에 존재하는 순수한 물은 눈과 얼음이고, 그 다음으로 순수한 것이 비이다. 그러나 빗물에는 여러 가지 유기물 및 무기물의 먼지가 부유물(浮遊物)로 포함되어 있고, 미량의 이산화탄소·염화물·황산염·질산염·암모니아 그리고 공기 중의 여러 가지 기체가 녹아 있다. 산악지대에 있는 개울과 호수의 물이 불순물로 유기물을 함유하는 경우는 비교적 드물지만 무기염류는 포함하고 있다. 바닷물은 염화나트륨을 주성분으로 한 여러 가지 용해물질을 함유하고 있고, 그 함유율은 질량비로 평균 약 3.5%이다. 물 분자는 1개의 산소 원자와 그것에 단일 화학결합으로 연결된 2개의 수소로 되어 있다. 대부분의 수소 원자는 양성자 하나로 이루어진 원자핵을 가지고 있으나 원자핵에 1개, 또는 2개의 중성자를 더 가지는 중수소(deuterium)와 삼중수소(tritium)의 2가지 동위원소가 존재하는데 이들은 물속에서 소량으로 발견되고 있다.

(2) 자유수와 결합수

❖ 자유수(free water)

　동물이나 식물에 들어 있으면서 외부의 습도 변화나 조직 손상 등의 충격에 의해 쉽게 빠져나오는 형태의 물로서 0℃에서 얼고 100℃에서 끓는 보통의 물이다. 이것을 유리수라고도 한다.

　식품을 건조하거나 냉동식품을 만들 때 쉽게 증발하거나 동결되며 효소나 미생물의 증식, 생육에 이용되는 물이다.

❖ 결합수(bound water)

　동물이나 식물의 성분과 결합되어 조직이 파괴되어도 흘러나오지 않는 물을 말한다.

　용매로써 활용될 수도 없고, 미생물에 의해서도 이용될 수 없다.

　결합력이 강하기 때문에 증발이나 0℃ 이하에서도 동결되기 어려운 성질을 가지고 있다.

❖ 자유수와 결합수의 성질

성질	자유수	결합수
존재상태	식품 중 자유상태로 존재	식품 중 고분자 물질과 강한 결합
용매성	용매작용이 있다.	용매로 작용하지 않는다.
가열증발	쉽게 증발 제거된다.	100℃ 이상에서도 제거되지 않는다.
동결	0℃ 이하에서 동결된다.	−20℃ 이하에서도 잘 얼지 않는다.
미생물 증식	미생물의 생육 및 증식이 가능하다.	미생물의 증식이 불가능하다.
조직 파괴 시	외부로 용출된다.	용출 또는 제거되지 않는다.

❖ 자유수와 결합수의 이해

물오징어를 건조시켜 마른오징어로 만들 때 증발되는 것을 자유수라 하며, 마른오징어 속에 남아 있는 수분은 증발되거나 0℃에서 얼지도 않는다. 그렇지만 그 마른오징어 안에도 10% 이상의 수분이 존재하고 있는데, 이것이 바로 결합수이다.

수분이 없는 것 같은 쌀 등에도 약 9% 내외의 결합수가 들어 있다.

❖ 수분활성도(water activity)

수분활성이란 식품 중에 존재하는 수분이 순수한 물로서의 역할을 얼마나 하고 있는지를 나타내는 것으로서, 순수한 물의 수분활성도가 1이므로 보통 식품의 수분활성도는 1보다 작다. 식품 중에 수분함량은 대기 중의 온도 및 습도 등에 의하여 변화가 크기 때문에 항상 일정하지 못하다.

다시 말하면 수분함량이 높은 식품은 외부의 습도가 낮으면 수분이 감소하게 되고, 반대로 수분함량이 낮은 식품이 외부의 습도가 높은 곳에 있으면, 수분의 함량이 증가하게 된다. 따라서 수분함량을 올바르게 표시하려면 대기 중의 상대습도를 고려한 수분활성의 개념을 사용해야 한다. 이것을 수분활성도(AW)로 표시하는데, 같은 온도에서 식품의 수증기압(P)과 순수한 물의 수증기압(PO)의 비율로 정의될 수 있다.

TIP

인체의 수분

수분은 영양소의 운반, 화학반응, 대사의 매체, 삼투압의 유지, 노폐물의 배설, 체온조절 등 생리적인 면에서 대단히 중요하며, 수분의 흡수는 소장과 대장에서 이루어지며 배설은 주로 소변이나 땀으로 배출되고, 이 밖에 대변, 피부표면, 호흡, 대화 시에도 배출된다.

수분활성도 AW = P / P0

외부 환경에 의해 자유수는 자유로이 드나들지만, 결합수는 그렇지 못하므로 식품의 저장에 있어서 자유수의 함유량이 문제가 되는데, 수분활성도는 이것을 표시하기 위한 방법으로 사용된다.

식품의 수분활성도

- 순수한 물의 수분활성도 : 1
- 수분이 많은 생선, 채소, 과일 : 0.9 이상
- 곡류 : 0.6~0.65 정도

주요 식품의 수분함량 및 수분활성도

식품	수분함량(%)	수분활성도(AW)
채소	90~93	0.97
과실	93~97	0.97
주스류	90~93	0.97
달걀	72~78	0.97
육류	65~70	0.97
꿀	15~18	0.76
건조과일	18~25	0.6~0.8
건조채소	14~20	0.6~0.7
곡류	8~9	0.6~0.65
면류	12~15	0.5
쿠키류	8~11	0.1

<u>수분활성의 의미</u>

- 수분활성이 낮으면 식품 중에 존재하는 대부분의 수분이 결합수로 존재하는 것을 의미하므로 미생물의 이용이 불가능하여 저장성이 길지만, 너무 낮으면 식품의 기호적인 가치가 하락할 수도 있다.

- 반대로 수분활성이 높으면 미생물이 번식하기 쉬우므로 저장성이 떨어진다.

- 미생물이 번식할 수 있는 수분활성은 세균은 보통 0.9, 효모는 0.88, 곰팡이는 0.7~0.8 정도이다.

- 과일 잼이 장시간 변질되지 않는 이유는 수분활성도(AW)가 낮기 때문이다.

- 공기 중에 식품을 놓아두면 수분이 증발하는 탈수현상이 일어나거나 반대로 공기 중의 수분을 흡수하는 현상이 생긴다. 이것은 식품의 수분활성도와 상대 습도의 관계에 의한 것인데, 예를 들어 과일을 실내에 며칠간 방치해 두면 과일 내의 수분이 조금씩 증발하여 마르지만 설탕에 졸이거나 절여서 건조시킨 과일은 동일한 조건에서 오히려 수분을 흡수할 수도 있다.

(3) 조리가공 중 물의 역할

식품을 조리할 때 물을 사용하여 삶거나 찌면 식품이 타지 않고 가열할 수 있는 매개체가 된다. 또한 식품을 냉각할 때는 얼음조각을 넣는데 이것도 냉각매체의 역할을 하기도 하며, 전분식품에 호화를 주도하기도 한다. 다음은 조리 중 물을 사용할 때 생길 수 있는 현상들이다.

❖ 세정(Wash)

- 식품 조리에 앞서 이물질 제거를 위하여 세척
- 세척 중 식품에 수분을 가함으로써 수분의 증발로 인한 식품의 품질저하를 예방

❖ 용출(Extraction)

- 물이 식재료에 있는 성분을 녹여 물속으로 녹아 나오도록 하는 것
- 이것을 이용하여 차를 타기도 하고, 떫은맛을 빼내기도 함

❖ 삼투압(Osmosis)

- 샐러드용 채소를 물속에 담가두면 삼투압 현상으로 인해 잎이 싱싱해 보임
- 조리 중에 가미하면 조미된 맛이 식품재료에 침투하는 과정의 매개체로써의 역할을 함

❖ 건조(Dry)

- 식품 중의 수분함량을 인위적으로 감소시켜 자유수를 증발시키는 것
- 식품의 저장성을 높이기 위하여 사용되는 방법

❖ 팽윤(Swelling)

- 곡류나 건조된 식품을 물에 불리는 것
- 수분이 식품에 들어와 부피가 불어나는 현상

❖ 열의 전달매체

- 식품에 열을 전달하는 전도체로써 작용

- 가열기구로부터 식품으로 에너지를 전달

❖ 화학변화 촉진

- 식품의 성질, 모양, 맛 등에 영향
- 식품 내의 색소를 용해시키는 역할

TIP

생수를 마실 것인가? 정수를 마실 것인가?

우리가 어릴 때 외국 사람들이 생수병을 가지고 다니면서 마시는 것을 보고 생각했다. 우리는 수돗물이나 지하수를 어디서나 맛있게 마실 수 있는데 저 사람들은 저렇게 돈으로 물을 사서 마시다니… 하며 신기하게 생각했었다. '역시 우리나라는 환경이 좋은 나라구나'라고 자부심을 가지며, 외국에서는 기름값과 물값이 비슷하다는 말을 듣고 의아하게 생각했었는데, 지금의 우리나라가 그렇게 되었다. 이젠 우리도 동남아 등지에 여행을 가면 그 사람들은 지하수를 먹는데 우리는 상점에서 생수(mineral water)를 사먹는다. 그들도 우리를 이상한 사람들이라고 생각할지도 모른다.

이미 우리의 가정 상당수는 집안에 정수기를 설치하여 식수를 해결하고 있다. 밖에서는 생수라고 불리는 물병을 사서 들고 다닌다. 언뜻 생각하면 생수는 지하에서 퍼올린 살아 있는 물이고, 정수기는 물에 있는 영양소를 걸러낸 물이라고 생각하기 쉬울 수 있다. 여러분은 어떻게 생각하는가?

과연 생수는 영양가 있고 정수는 영양가가 없는 것일까? 둘 다 위생적으로는 안전한 것일까? 1996년 서울시의 수질검사 결과 수돗물, 정수기물, 시판생수, 약수 등 네 가지 물에서 수돗물이 가장 깨끗한 것으로 조사되었다고 한다. 최소한 수돗물은 마셔도 병에 걸리지 않을 가능성이 가장 높다는 말이다. 아마 위생적으로는 가장 깨끗할 수도 있었을 것이나 그 수돗물을 그대로 마시는 이는 찾아보기가 힘들다.

약수는 지하수가 오염될 우려가 있고, 생수는 퍼올린 그대로 판매하는 것이 아니라 유통기한을 늘리려 많이 걸러내고, 나름대로 처리하여 페트병에 담아 유통시킨다. 따라서 거의 증류수 수준의 생수가 만들어져 판매되며, 그 페트병도 믿을 것이 못 된다는 연구가 최근에 발표되었다. 정수기는 어떨까? 염소로 소독된 수돗물을 자기들의 필터로 걸러낸 물인데 얼마만큼의 무기질이 남아 있을까? 하는 것이 나의 의문이다. 그래서 어떤 이들은 비싼 수입 생수를 먹기도 하는데 그중에 상당수는 거의 증류수에 가깝다고 한다. 무엇을 마실지 여러분 각자가 고민해야 할 문제이다.

44 식품학개론

[참고도서 소개] 물은 답을 알고 있다

생명의 원천이자 삶을 지탱하는 데 가장 필요한 자원인
물!
물이 치유능력, 생명의 힘을 가졌다는 물에 담긴 놀라운
메시지를 전하고 있다. 물의 결정 사진들을 책에 실어 메
시지를 이해하는 데 도움을 준다.
저자인 에모토 마사루 박사는 "행복하게 살고 싶다면 행
복에 파장을 맞추라"며 우주의 근본 현상인 파동과 공명
을 우리 마음에 빗대어 설명했다.

저자 에모토 마사루 | 역자 양억관 | 출판사 나무심는사람

2. 탄수화물(炭水化物, carbohydrate)

(1) 탄수화물의 개요

당류 또는 당질이라고도 하며 탄소, 수소, 산소의 3가지 원소로 구성되어 있고 광합성에 의해 생성된다.

인간이나 동물의 체내에서 합성되지 않으므로 식물이 광합성한 탄수화물을 섭취하여 에너지원으로 사용되는 영양소로서 이 탄수화물로부터 단백질이나 지방 등이 만들어진다. 그러므로 탄수화물은 생명체의 기본물질이라 할 수 있으며 지구상에서 아주 흔한 물질이다.

식물체의 잎에 들어 있는 엽록체가 태양에너지를 받아 공기 중의 탄소와 뿌리에서 흡수된 물을 이용하여 탄수화물을 만들어내며 주로 식물의 뿌리에 존재한다. 이것으로 단백질이나 지방이 만들어질 수 있는 생명체의 가장 기본물질이 된다. 가장 흔한 탄수화물은 섬유질이지만 식품으로 가장 많이 활용되는 것은 전분이고, 전분을 이루는 기본단위는 포도당이다.

탄수화물은 주로 인체에 에너지를 제공하는 기능을 담당한다. 탄수화물은 식물의 엽록소가 화학 에너지로 전환되어 저장된 태양에너지인데, 동물은 그 에너지인 당질을 체내에서 연소시킴으로써 간접적으로 이용한다. 인간이 섭취하는 지방이나 단백질도 에너지를 내지만 탄수화물은 가장 값이 싸고 소화흡수율이 높으며 체내에서 완전 산화되는 가장 경제적이고 효율적인 에너지로 알려져 있다.

(2) 탄수화물의 종류

탄수화물은 그것을 구성하는 단위가 되는 당의 개수에 따라 단당류·소당류·다당류 등으로 구분한다. 단당류의 일종인 포도당이나 과당 등은 탄수화물에서 가장 기본적인 단위로서 특히 포도당은 녹말을 형성하는 기본단위가 되기도 한다. 녹말은 그 단위가 되는 포도당이 무수히 많이 연결되어 만들어진 분자로 다당류에 속한다. 단당류가 두 개 결합된 것이 이당류이고, 세 개인 3당류와 네 개인 4당류를 합쳐서 올리고당류라고도 한다. 그리고 단당류가 그 이상의 수로 결합한 것을 다당류라고 하며, 그 결합된 모양에 따라 단순다당류와 복합다당류로 분류된다.

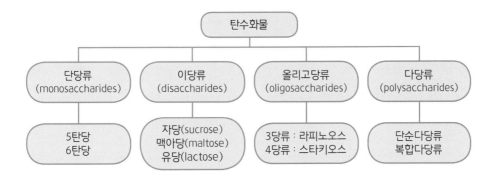

❖ 단당류(monosaccharides)

　탄수화물의 구성단위로서 가수분해에 의해 더 이상 분해되지 않는 당류이며, 분자 내의 탄소원자 수에 따라 5탄당과 6탄당으로 분류되고, 6탄당의 포도당이 가장 대표적이다. 단맛을 내고 물에 녹으며 농축 건조시키면 결정을 형성한다. 그리고 열량원이 되고 미생물에 쉽게 이용되며, 가열 시 갈변되는 캐러멜화가 일어나는 특성이 있다.

5탄당

크실로오스 (xylose)	목당(木糖)이라고도 하며 볏짚, 밀짚, 옥수수 속대, 나무 등에 많고 단맛은 설탕의 60%로서 저칼로리의 감미료로 이용
아라비노오스 (arabinose)	펙틴의 구성성분으로서 버찌, 자두, 종피 등에 함유
리보오스 (ribose)	RNA(ribonucleic acid)의 구성당으로 존재

6탄당

포도당 (glucose)	전분, 글리코겐, 설탕이 가수분해되어 형성된 전화당 등의 주요 구성성분이다. 감미료로서도 조리상, 영양상, 생리상 가장 중요한 당으로 감미도는 50~75
과당 (fructose)	과일, 꿀 등에 함유, 자당의 구성성분으로서 감미도는 173
갈락토오스 (galactose)	다당류인 갈락탄(galactan)의 구성성분으로서 한천, 포유동물의 젖의 구성당 및 식물의 검(gum)질 중에 함유
만노오스 (mannose)	다당류인 만난(mannan)의 구성성분으로서 곤약감자, 백합뿌리 등에 존재

▶ 감미도

　10% 설탕용액의 단맛을 100으로 기준하여 상대적인 단맛을 비교한 수치

❖ 이당류(disaccharides)

단당류 2개가 결합된 것으로서 가장 흔한 것은 설탕의 주성분인 자당이다.

- 자당은 포도당과 과당으로 이루어진 물질로서 녹색식물의 광합성에 의해 만들어진 물질이다.
- 맥아당은 녹말이 소화되는 동안 만들어지는 분해 생성물이면서 두 분자의 포도당으로 이루어진 것이다.
- 유당은 모든 포유동물의 젖에 들어 있고, 각각 한 분자의 포도당과 갈락토오스로 구성되어 있다.

자당 (sucrose)	**포도당 + 과당** • 사탕수수와 사탕무에 함유, 설탕이라고도 한다. • 섭씨 160℃에서 용해되고 차차 갈색으로 변하며, 200℃에서 캐러멜화되어 갈색으로 변한다. • 설탕은 소화흡수가 빨라서 피로회복 효과가 크고 영양가치가 높지만 과식하면 몸의 저항력이 약해질 수 있으므로 비타민 B와 같이 섭취하도록 하고 흑설탕은 백설탕보다 그 유해작용이 적다고 한다.
맥아당 (maltose)	**포도당 + 과당** • 전분을 아밀라아제(amylase)로 당화시키면 맥아당이 된다. • 아밀라아제는 발아한 보리(엿기름), 침, 세균, 곰팡이 등에 함유되어 있다. • 엿당이라고 하며 점막을 자극하지 않고 영양가가 높으므로 어린이, 환자의 영양식품으로 널리 이용될 수 있다. 감미도는 60 정도
유당 (lactose)	**포도당 + 갈락토오스** • 사람의 젖에 5~8%, 우유에는 4~6% 함유 • 젖당이라고도 하며 포유동물의 성장과 뇌신경 조직의 성장에 중요한 구실을 하고 어린이의 영양에 중요한 당으로서 정장작용도 한다. • 감미도는 16 정도

▶ 전화당

자당인 설탕을 가수분해하여 얻은 포도당과 과당(果糖)의 등량 혼합물. 가수분해하면 포도당과 과당이 각각 1분자씩으로 된다. 이 현상을 전화라 하고, 이때 생기는 포도당과 과당의 혼합물을 말한다.

❖ 올리고당류(oligosaccharides)

이당류와 합쳐 소당류라고도 하며 단당류가 3~10개 정도로 이루어진 것이다. 자연상태로 식품 중에 들어 있는 것은 많지 않으며, 콩을 비롯한 식물종자와 뿌리, 줄기에 널리 분포되어 있다.

소화가 잘 되지 않아 영양적 가치를 인정하지 않았지만 최근에는 다이어트 및 장내 정장작용을 하는 것으로 밝혀져 기능성 소재로 중요시되고 있다. 또한, 장내에서 유익균의 증식이 활발하게 진행됨에 따라, 장내 pH를 낮추기 때문에 유해세균들을 제하고 무기질을 이온화하여 무기질의 흡수를 촉진하여, 면역 증진과 피부 개선 등의 2차적인 효과도 기대된다고 알려져 있다.

3당류	라피노오스(raffinose)
4당류	스타키오스(stachyose)

인공적으로 만들어서 이용하는 올리고당류도 있는데, 당질원료를 주원료로 하여 효소로 당화시키거나 압출하여 얻은 당액을 가공한 것을 말한다.

가공된 올리고당의 종류를 보면 프럭토올리고당, 이소말토올리고당, 갈락토올리고당, 말토올리고당, 혼합올리고당 등이 있다. 이 부분에 대해서는 뒤의 기능성 식품에서 다시 한번 다루게 된다.

❖ 다당류(polysaccharides)

다당류는 가수분해될 때 다수의 단당류들이 결합된 분자량이 큰 탄수화물로서 자연계에 가장 광범위하게 다량으로 분포하고 있다.

많은 단당류분자가 결합된 것으로서 단당류 이외의 성분을 포함한 것도 있고, 감미가 없으며 산 또는 효소로 가수분해하면 최종에는 단당류를 생성한다.

구성당이 한 가지일 때 단순다당류라 하고, 두 가지 이상일 때 복합다당류라 한다.

단순다당류(Simple polysaccharides)

전분 (starch, 녹말)	• 열량원으로서 무색, 무취, 무미이며 물에 잘 녹지 않고 물보다 비중이 커서(1.55~1.65) 물속에 침전되는 성질을 지니고 있다. • 녹말은 감자, 고구마, 옥수수 등의 전분질 원료를 마쇄하여 분리 등의 과정을 거쳐 얻은 분말로서 전분 이외의 성분을 충분히 제거한다.
글리코겐 (glycogen)	**포도당 + 과당** • 동물성 저장 탄수화물로 동물성 전분이라고도 하며, 저장성 다당으로서 동물세포 내에서 과립상태로 존재한다. • 에너지로 사용하기 위해 근육(0.5~1%)이나 간(5~6%)에 저장되어 있다. • 동물에 저장되는 탄수화물의 주요 형태로서, 동물의 저장 에너지원이다. • 가수분해 시 포도당을 생성한다.
셀룰로오스 (cellulose, 섬유소)	• 사람의 소화효소의 작용을 받지 않으므로 에너지원으로 사용하지 못하나, 물의 흡수작용능력이 좋아 장운동 촉진 및 정장작용이 있다. • 채소나 곡류에 들어 있는 부드러운 섬유질은 변비를 예방해 주는 효과가 있어 기능성 소재로 중요시되고 있다. • 초식동물에게서는 장내 세균의 작용으로 섬유소를 분해하여 생성되는 유기산 등의 물질을 흡수 이용하여 에너지원이 될 수 있다(섭취량의 약 25%). • 수용성의 안정성, 필름 형성능력 등의 여러 성질이 있으며, 무독성이고 소화되지 않으므로 식품첨가물로써 식품공업에 널리 이용되고 있다.

복합다당류(Complex polysaccharides)

펙틴 (pectin)	• 펙틴은 식물 세포막이나 세포질 간에 섬유소와 함께 존재하며, 식물의 조직을 지탱하게 하는 역할을 한다. • 과일류 특히 감귤류의 과피에 다량 함유되어 있고, 가열 시 겔(gel)화되는 성질 때문에 잼이나 젤리의 제조에 이용된다. • 펙틴이 많이 포함되어 있는 원료(감귤 및 사과 압착 잔유물)를 산으로 처리하여 물에 용해되기 쉬운 펙틴으로 하여 이것에 알코올이나 알루미늄염류를 가하여 펙틴을 침전시켜서 꺼내어 만든다. • 외국에서는 펙틴을 분말제품으로 만들어 시판하며 설탕과 물에 의해 젤리화되므로 젤리(jelly)나 마멀레이드(marmalade) 등을 만들어 이용한다.
한천 (agar)	• 홍조류인 우뭇가사리에서 추출하여 얻어지며, 겔을 형성하는 성질이 매우 강하고 고온에서 잘 견디는 성질이 있어 빵, 과자류 및 청량음료 등의 제조 시 안정제로 사용되며, 미생물실험용 배지와 의약용으로도 널리 사용되고 있다. • 우뭇가사리를 물로 씻어 삶아서 추출한 것을 여과하여 응고시킨 뒤 재단하여 동결시켜 건조하는 공정을 통해 생산된다. • 젤라틴에 비해 7~8배의 응고력이 있고 색깔은 희며, 또한 용해되기 쉽고 투명한 느낌이 있으며 탄력이 풍부하여 젤리, 양갱 등에 쓰이고, 최근에는 저칼로리 식품의 소재로 이용되기도 한다.
알긴산 (alginic acid)	• 갈조류의 특유한 다당류로서 세포막을 구성하고 있으며, 다시마, 감태 등에 많이 포함되어 있다. • 알긴산의 나트륨염은 더운물에 잘 녹으며, 아이스크림, 잼, 치즈, 마요네즈, 케첩 등에 첨가하여 점성을 증가시키는 데 이용된다.
키틴 (chitin)	• 새우, 게 등의 갑각류 및 메뚜기 등의 곤충 껍질에 다량 함유된 난소화성 다당류 • 키틴에서 얻은 키토산이 다양한 생리활성 효과가 있어 건강기능식품의 소재로 널리 사용되고 있다. • 게, 새우 등 갑각류의 껍질을 구성하는 키틴질을 섭취, 소화해도 키토산은 얻을 수 없다.

용어 설명

▶ 합성(synthesis)

2개 이상의 원자나 단순한 화합물이 반응하여 새로운 화합물을 만들어내는 것. 탄수화물이 동물에게 섭취되면 몸에 필요한 다른 물질, 즉 단백질이나 지방 등으로 변하는 것을 합성이라고 한다. 소와 같은 초식동물이 평생 풀만 먹고 살아도 몸 안에서 지방이 생겨나는 것도 합성된 결과라고 할 수 있다. 다시 말하면, 우리가 먹는 음식물은 인체 내에서 아주 복잡한 변화를 일으키며 에너지화하여 사용하거나 저장하여 두는데, 그 과정에서 우리에게 필요한 성분들을 다시 만들어내는 과정을 합성이라고 한다.

▶ 대사(metabolism)

에너지가 인체 내에서 섭취, 합성, 분해, 변환되는 현상으로서 섭취되면서 입 안에서부터 침과 섞여 합성이 일어나고, 위에서 위산에 의해 분해된다. 그리고 장으로 지나가며 장에 흡수되기도 하는데, 이 과정에서 또다시 합성과 분해의 현상이 일어나고, 또한 경우에 따라 다른 에너지나 성분으로 변환되기도 한다. 이러한 일련의 과정을 대사라고 한다.

탄수화물에 대한 이해 차이

우리나라 사람들은 탄수화물이 비만의 원인이라고 생각한다. 왜냐하면 탄수화물이 몸에 들어오면 단백질이나 지방으로 합성되어 변화하기 때문이다. 특히 지방으로 변하면 체내에 쌓이게되고 그것이 비만으로 연결된다는 것이다. 그렇기 때문에 일부에서는 과일도 많이 먹으면 좋지 않다고도 한다.

과일에는 당분과 섬유질이 풍부하여 그것도 과잉 섭취 시 지방으로 변하여 체내에 축적된다는 것이다.

그런데 서양 사람들은 탄수화물을 다이어트 식품으로 취급하고 있다고 한다. 살을 빼기 위해서 탄수화물을 먹는다는 것이다. 같은 탄수화물인데 어째서 우리는 비만식품으로 취급하고, 서양인들은 다이어트 식품으로 생각하는 것일까?

대답은 간단하다. 우리의 주식은 쌀이다. 그것을 포만감 있게 먹는다. 그러다 과잉될 우려가 높고, 과잉 섭취된 부분은 지방으로 체내에 저장되기 때문에 맞는 이론인 것이다. 그러나 구미사람들은 주식이 육류이다. 탄수화물의 많은 밥은 그저 가니쉬 정도로만 먹는다. 그런데 단백질이나 지방이 많은 육류보다는 탄수화물의 지방질이 상대적으로 적다고 인식하기 때문이다. 즉 식품의 섭취에서 주식이 서로 다르고 비만의 정도도 우리와 비교가 되지 않을 정도로 심각하기 때문에, 서양인들은 탄수화물을 육류 대신 먹으면 살을 뺄 수 있다는 이론도 맞는다는 것이다. 한국 사람의 비만과 구미 사람의 비만의 정도가 엄청나게 차이가 난다는 것을 염두에 두고 이해해야 할 것이다.

3. 지방질(lipid)

(1) 지방질의 개요

지방질은 탄소(C), 수소(H), 산소(O) 등의 3가지 원소로 구성된 유기화합물의 총 칭으로서 지방질(脂肪質) 또는 지질(脂質)이라고도 한다.

❖ 지방질이란?

- 탄소(C), 수소(H), 산소(O) 등의 3가지 원소로 구성된 유기화합물의 총칭으로 서 인체의 에너지원으로 이용
- 탄수화물, 단백질과 함께 3대 영양소의 하나이며, 다른 영양소보다 2배 이상의 에너지를 발산
- 지방질은 식물의 종자나 동물의 조직에 들어 있는 성분
- 다른 영양소와 함께 동물의 조직을 구성하고 여러 가지 생리작용과 에너지를 공급하는 작용
- 지방질에는 기름기가 있어 맛과 영양이 뛰어나며, 조직감이 있어 조리식품의 재료로써 가치가 큼
- 대두유, 참기름 등과 같이 실온에서 액체상태인 것을 기름 또는 '유'(油, oil)라고 함
- 돼지기름, 쇠기름 등과 같이 실온에서 고체인 것은 '지' 또는 '지방'(脂, fat)이라 고 함

❖ 기능

<u>열량소</u>

- 저장지방으로서 체내에 흡수된 지방은 산화 연소되어 에너지를 생성
- 체내의 간이나 피하지방의 형태로 저장되어 열량소로 축적되었다가 인체에서 필요시 소비
- 축적된 지방은 탄수화물 2배의 열량을 공급
- 지방은 탄수화물과 함께 에너지를 내는 주요 물질
- 지방은 연소할 때 생기는 물의 양도 단백질이나 탄수화물의 2배나 되므로, 육상의 생물 특히 사막에서 생활하는 동물에게는 중요한 영양저장물질

<u>체온유지</u>

- 지방은 중요한 열량소로서 자신을 태워 발생시킨 열로써 체온의 유지 및 보호

<u>세포막의 구성성분</u>

- 지방의 한 종류인 인지질의 경우 세포막의 중요한 구성성분으로 사용

<u>음식에 맛을 부여</u>

- 지방질은 식품을 조리할 때 다른 식품과 조화되어 맛을 더욱 증진시킴
- 특히 지방성분이 적은 식품을 볶거나 튀겨서 먹으면 적절한 성분 밸런스의 유지 가능
- 육류의 살 속에 박힌 지방(마블링)은 고기의 맛을 한층 더 부드럽게 하고 감칠맛이 나게 함
- 중국요리에서는 거의 모든 음식의 조리 시 반드시 대량의 기름을 사용하여 조리

<u>필수지방산의 공급과 지용성 비타민의 체내 흡수 지원</u>

- 체내에서 합성되지 않는 필수지방산인 리놀레산과 리놀렌산을 공급
- 비타민 D, 비타민 E와 같은 지용성 비타민의 체내 흡수에 필요한 도구로 작용

(2) 지방질의 종류

지방질은 구성성분이나 화학구조에 따라 단순지방질, 복합지방질, 유도지방질로 분류할 수 있다. 동식물에 널리 존재하며, 동물에서는 특히 영양분으로서 피하에 저장되고, 음식으로서도 영양가가 가장 높다.

글리세롤과 지방산은 생체 내에서 합성·분해되지만, 그것만으로는 생체에 충분하지 않으므로 음식으로 섭취해야 한다.

❖ 단순지방질(simple lipid)

지방산+글리세롤만의 결합에 의하여 생성된 지방질을 말하며 스테로이드, 왁스(wax) 등이 대표적

동식물체의 표면에 보호물질로 작용하며, 가구·가죽 등의 광택을 내거나 비누·화장품 등에 사용

❖ 복합지방질(compound lipid)

지방산과 글리세롤 외에 인산, 당질, 단백질 등의 다른 화합물을 함유한 지방질
결합한 화합물에 따라 인지질, 당지질, 단백지질 등으로 분류

인지질	단순지방질에 인산질소 화합물이 결합한 지방질로서 신경조직, 동물의 뇌, 심장, 난황, 대두 등에 다량 함유
당지질	단순지방질에 당질이 결합한 지방질로서 동물의 뇌, 비장 등에 다량 함유
단백지질	단순지방질에 단백질이 결합한 지방질로서 세포핵 등에 다량 함유

❖ 유도지방질(derived lipid)

단순지방질과 복합지방질이 가수분해되어 생성되는 지방질의 성질을 지닌 화합물

유리지방산 : 정제된 식용유에는 거의 포함되어 있지 않으나 산패에 의해 생성

글리세롤(glycerol), 글리세린(glycerin) : 물과 알코올에 잘 용해되는 무색, 무취의 끈기를 띤 액체로서 감미가 있다. 점성을 이용한 윤활제, 접합제에 사용되며, 의약용으로는 피부보호제, 화장품 등에 쓰이고, 식용으로는 제과의 재료로 쓰인다.

스테롤(sterol, Sterin)

콜레스테롤 (cholesterol)	동물의 근육, 뇌, 신경조직 및 혈액 등에 함유되어 있고, 담즙의 성분이기도 하며, 인체 내에 다량 축적 시 신진대사를 방해하고 세포의 활력을 감퇴시키며, 혈관에서 동맥경화를 일으키기도 한다. • LDL(low density lipoprotein) : 저밀도 지질단백질 　과잉 시 동맥경화, 심근경색, 담석 생성의 원인으로 인체에 해로운 콜레스테롤 • HDL(high density lipoprotein) : 고밀도 지질단백질 　HDL은 조직으로부터 나온 콜레스테롤을 모두 간장(liver)으로 보내므로 이로운 콜레스테롤이라고도 불린다.
시토스테롤 (sitosterol)	대표적인 식물성 스테롤로서 거의 흡수되지 않는데, 콜레스테롤의 흡수를 저해하는 작용이 있다. 면실유에 0.26~0.58% 포함
에르고스테롤 (ergosterol)	프로비타민 D의 일종으로 표고버섯, 효모, 곰팡이 등에 다량 함유되어 있으며, 자외선을 조사하면 비타민 D_2가 된다. 녹는점은 166~167℃로서 물에 불용해성이지만 에테르, 아세톤, 알코올 등에는 용해된다.

▶ 스쿠알렌(squalene)

바닷속 깊은 곳에 사는 상어류의 간유에 포함되어 있는 불포화탄화수소로서 채소류, 올리브유에도 극미량 포함되어 있다. 피부미용에 좋아 화장용 크림에 섞기도 하며 섭취가 용이하도록 캡슐에 충전하여 만든 것도 있다.

▶ 식품 중의 콜레스테롤 함량

식품	함량(mg%)	식품	함량(mg%)
쇠고기(beef)	50~70	가재	139
소간	389	갈치	91
소뇌	1995~2054	게	41~78
돼지고기(pork)	40~60	꽁치	60~108
돼지간	335	낙지	49~173
돼지뇌	2552	광어	48~61
닭고기(chicken)	90~95	참치	46
닭간	303~554	복어	83
모유	13	오징어	112~233
우유	10~15	전복	70~100
요구르트	5~13	연어알	370
크림	60~90	청어알	244
달걀	463~630	모시조개	153
난황	1213~2130	장어	126~200

TIP

콜레스테롤 함량이 높은 식품을 먹었다고 해서, 인체에 바로 흡수되어 콜레스테롤 수치가 높아지지는 않는다. 따라서 콜레스테롤 수치가 높아질까 봐 음식을 가려서 먹기보다는 채소와 함께 즐기는 편이 여러모로 유익할 것이다. 따라서 이러한 점을 명심하여 한 가지의 식재료에 치중하지 말고 골고루 잘 이용하여 조리하는 것이 중요하다.

(3) 유지의 특성

유지는 그 재료에 따라 동물성 유지와 식물성 유지로 나눈다. 유지를 구성하는 지방산의 종류와 유지성분에 녹아 있는 향미성분에 따라 차이가 있으며, 유지의 특성은 물리적 성질과 화학적 성질에 따라 분류해 볼 수 있다.

❖ 물리적 성질

용해성 (solubility)	물이나 알코올보다는 벤젠, 에스테르, 클로로포름 등의 유기용매에 잘 녹으며, 포화지방산이 많을수록 용해도는 감소한다.
녹는점 (melting point)	불포화지방산을 많이 함유한 식물성 기름은 녹는점이 0℃ 이하이며, 상온에서 액상이다. 그러나 포화지방산을 많이 함유한 동물성 지방은 녹는점이 높고, 상온에서 고체이다.
비중 (specific gravity)	불포화지방산이 많을수록 증가하며, 일반적인 유지의 비중은 15℃에서 0.91~0.97의 범위를 갖는다.
점성(viscosity)	포화지방산의 함량이 많을수록 증가한다.
인화점	가열 시 점화되는 온도로서 258℃ 이상이다.
유화성	물에 용해되지는 않지만 유화제의 존재하에서는 안정한 혼합물의 형성이 가능하다.

수중유적형(水中油滴型, oil in water type, O/W)
- 물속에 기름의 입자가 분산되어 있는 것
  [예] 우유, 아이스크림, 마요네즈 등

유중수적형(油中水滴型, water in oil type, W/O)
- 기름 속에 물이 분산되어 있는 것
  [예] 버터, 마가린 등

❖ 화학적 성질

유지의 화학적 성질은 기름의 산패도를 측정하는 기준으로 사용되는 산가와 과산화물가, 요오드가로 나타내고 있다.

산가 (AV, acid value)	유지 1g 중에 함유되어 있는 유리지방산을 중화하는 데 쓰이는 수산화칼륨의 mg수를 말하며, 유지의 산패 정도를 나타내는데 일반적인 식용유의 산가는 1.0 이하이다.
과산화물가 (POV, peroxide value)	유지 1kg 중에 함유되어 있는 과산화물의 양을 말하며, 유지의 초기 단계의 산패도를 나타내는 값으로서 신선한 식용유는 보통 2 이하이다.
요오드가 (IV, iodine value)	유지 100g에 흡수되는 요오드의 g수를 말하며, 지방산의 불포화 정도를 나타내는 값으로서 불포화지방산을 많이 함유하고 있는 유지일수록 요오드가가 높다.

요오드가에 따른 유지의 분류

▶ 건성유(요오드가 130 이상)

　상온에 방치 시 건조되는 유지

　(호두기름, 잣기름, 들깨기름 등)

▶ 반건성유(요오드가 100~130)

　건성유와 불건성유의 중간성질

　(옥수수유, 참기름, 대두유, 면실유)

▶ 불건성유(요오드가 100 이하)

　상온에서 건조되지 않는 유지

　(돼지기름, 쇠기름 등)

(4) 유지의 산패(rancidity)

유지를 오랫동안 저장하면 유리지방산이 생겨 산가(acid value)가 높아지고 불쾌한 냄새가 나고 맛이 떨어진다. 이러한 현상을 유지의 산패라 한다.

유지 또는 유지함유식품 저장 시 산소, 효소, 미생물, 광선, 가열 등의 작용을 받아 불쾌취와 함께 영양이나 풍미, 그 밖의 품질에 손상을 주는 현상을 말하는데, 유지를 공기 중에 오래 방치하면 유리지방산의 함유량이 많아져서 불쾌한 냄새와 맛을 내는 현상을 말한다.

❖ 냄새 흡수에 의한 산패

유지나 지방질 식품들은 주위의 냄새를 잘 흡수하게 된다. 특히 버터나 마가린 등은 밀폐되지 않은 용기에 담아 냉장고에 넣을 경우 주변의 냄새를 모두 흡수하여 상품의 가치를 떨어뜨리게 되며, 이러한 정도가 심할 경우 우유, 난황, 육류 등과 같은 지방의 포장재료나 냉장고 및 주위의 냄새를 흡수하여 불쾌취가 발생하게 된다. 이것을 냄새 흡수에 의한 산패라고 할 수 있다.

❖ 가수분해에 의한 산패

화학적인 가수분해

- 우유나 유제품 등 비교적 수분함량이 많은 제품에서 발생되는 것을 화학적인 가수분해라고 한다.

효소적인 가수분해

- 미강유, 올리브유 등의 식물성 유지 또는 어유 등의 조제유에서 효소의 작용에 의해 가수분해되어 산패되는 경우를 말한다.

❖ 산화에 의한 산패

자동산화(autoxidation)에 의한 산패

- 공기 중의 산소를 자동적으로 흡수함으로써 발생하며 식용유지나 지방질 산패의 주요인이 되는 것이 자동산화에 의한 산패이다. 즉 공기 중에 있는 산소가 유지에 유리라디칼(free radical)을 생성하면서 연쇄적으로 반복하여 유리라디칼을 생성시키다가, 결국은 모두 유리라디칼처럼 되어 산화에 이르는 종결반응으로 진행된다.
- 이렇게 산패가 일어나면 맛과 냄새가 나빠지고 유지 내에 유독물질이 생성되어 식용하기 어렵게 되는데, 이를 무시하고 섭취하면 식중독 발생으로 이어질 수도 있다.

산화효소에 의한 산패

- 지방질의 산화를 촉진하는 효소에 의한 것이며 주로 불포화지방산을 산화

❖ 유지의 산패 방지법

유지를 이용하여 조리할 때 보통 사용하던 튀김용 기름을 그대로 방치하여 공기나 빛에 노출시키면 발생하기 쉽다. 또한 액체상태로 있어야 할 기름이 굳어서 끈기가 생기는 경우가 있는데, 이것은 공기 중의 산소와 결합하여 변질되었기 때문이다. 따라서 식용 유지의 산패를 방지하려면 유지의 산화를 촉진하는 금속류가 아닌 용기나 유리그릇 등에 넣고, 또한 공기와의 접촉을 줄이기 위하여 밀폐할 수 있는 뚜껑을 사용하거나, 입구가 작은 병 등에 가득 넣어 뚜껑을 닫아두는 것이 바람직하다.

산패는 식품 등에 미치는 영향이 크며, 특히 유지를 많이 함유한 식품은 이것 때문에 맛을 잃고, 비타민 · 아미노산 등의 영양소도 파괴되며, 심할 때는 독성(毒性)을 가진다. 산패를 방지하기 위해서는 항산화제(抗酸化劑; 산화방지제)를 가하여 차고 어두운 곳에 저장해야 한다.

(5) 지방산(fatty acid)

지방산은 동식물 지방질의 주요 구성성분으로서 지방을 가수분해할 때 생겨나는 카르복시산(carboxylic acid)을 말한다. 불포화인 것은 올레산이 거의 모든 지방에 함유되어 있고, 또 리놀레산, 리놀렌산은 식물성 기름에서 볼 수 있다. 지방산은 에너지원으로서 중요하며, 소화 흡수되면 일단 지방의 형태로 피하에 침착했다가, 필요에 따라 간에서 분해된다. 영양소로서는 높은 칼로리를 지니며, 장(腸)에서 직접 흡수되므로 이용가치가 크다. 지방산은 분자 내에 이중결합이 있는 불포화지방산과 이중결합이 없는 포화지방산 등으로 분류된다.

❖ 포화지방산(saturated fatty acid)

지방산의 분자 내에 이중결합을 가지고 있지 않은 지방산
주로 동물성 지방질(기름)에 다량 함유. 함유식품은 버터, 야자유, 땅콩기름 등

❖ 불포화지방산(unsaturated fatty acid)

이중결합을 가지는 지방산으로서 일반적으로 상온에서 액체이며, 식물성 기름에 많이 함유
포화지방산보다 녹는점이 낮고 이중결합의 수가 많아질수록 녹는점이 낮아짐
이중결합을 4개 이상 갖는 것을 고도 불포화지방산이라고 하며 어유에 많이 포함
함유식품은 어유, 고래기름, 양기름, 돼지기름, 쇠기름, 유채기름, 버터, 식물성 종자기름, 대두유, 간유, 달걀노른자 등

❖ 필수지방산(essential fatty acid, Vit. F)

불포화지방산 중에서 사람의 정상적인 성장과 건강 유지를 위하여 필수적으로 필요하기 때문에 일명 비타민 F라고도 한다. 체내에서 합성될 수 없어 반드시 식품으로 섭취해야만 하는 지방산으로 알려져 있으나, 정상적인 성인의 체내에서는 지방산 회로에 의해 분해되거나 합성된다. 다만, 일부 생물과 유아의 경우 모유가 아닌 것을 섭취할 때 결핍증이 나타나기도 한다. 리놀산은 일반적인 유지(油脂)에 널리 함유되어 있으므로, 보통의 지방을 섭취하면 지방산이 결핍되지 않는다. 음식 속에 지방

이 전혀 없으면 동물의 성장이 정지하고 특유한 피부염이 생기는데, 이 증세는 리놀산·리놀렌산·아라키돈산 중 어느 것을 함유하는 지방을 투여하면 치유된다고 한다.

함유식품은 대두유, 참기름, 면실유, 아마씨 기름 등 주로 식물유에 널리 분포되어 있으며, 어유 중의 DHA나 EPA도 어느 정도 체내에서 합성된다.

필수지방산의 종류

▶ 리놀레산(linoleic acid)

리놀레산은 다불포화 오메가−6 지방산이며, 두 개의 이중 결합을 가지고 있다. 콜레스테롤이 혈관에 침착(沈着)하는 것을 방지하기 때문에 동맥경화 예방에 효과가 있으며, 참기름, 기름, 미강유 등에 많이 들어 있다.

▶ 리놀렌산(linolenic acid)

세 개의 이중 결합을 가지는 불포화지방산으로서 아마의 기름에서 볼 수 있다. 콜레스테롤이 혈관에 가라앉아 들러붙는 것을 방지하기 때문에 동맥경화 예방에 효과가 있다.

▶ 아라키돈산(arachidonic acid)

동물계에 널리 분포하며 다불포화 지방산 및 오메가−6 지방산으로 고도불포화 지방산 중에서 가장 잘 알려져 있으며, 염증개선에 도움을 준다고 한다.

지방은 먹을까? 말까?

살찌는 것이 두려워 지방을 먹지 말까? 하고 망설여본 경험들이 있을 것이다. 어떤 이들은 삼겹살을 먹으면서 기름기를 떼어내고 먹느라 분주하며, 주변 사람들에게 약간의 불쾌감을 주기도 한다. 물론 비만을 염두에 두고 피해보려는 발악임을 모르는 바 아니지만, 먹을 때만큼은 맛있게 먹어야 하지 않겠는가? 해서 지방의 중요성을 잠시 거론해 보고자 한다.

만약 우리 몸에 지방이 없다면 우리 몸은 형성되거나 지탱될 수 없다. 지질은 에너지의 농축물로서 비타민 A, D, E, K 등을 함유한 보고이고, 음식의 풍미 즉 맛에 관여하며, 중성지질, 인지질 및 콜레스테롤 등으로 구성되어 있다.

중성지질은 쇠고기에 약 3.5%, 돼지고기에 6%, 닭고기에 0.4% 정도 함유되어 있으며 체내에서 지방산과 글리세롤로 분해되어 중요한 에너지원으로 쓰인다.

인지질은 사람의 뇌, 심장, 간장 및 신장과 같은 중요기관의 필수성분으로 혈구의 막 성분이 되고 이 막을 통하여 물질대사를 조절하며 인지질의 일종인 레시틴은 혈관 안에 들어오는 콜레스테롤이나 지방을 유화하여 침전되지 않게 하는 외에도 혈관 내벽을 통하여 지방이 누출되지 않도록 세포내막을 보호한다. 이러한 인지질은 쇠고기에 약 1.0%, 돼지고기에 0.7%, 닭고기에 0.6% 정도 함유되어 있으며 돼지고기에는 필수지방산인 리놀산과 결합된 양질의 레시틴이 많다.

콜레스테롤은 각각의 세포를 둘러싸고 있는 세포막의 주성분으로, 체내에서 이 물질을 출발물질 또는 중간물질로 하여 담즙산, 스테로이드 호르몬, 비타민 D 등이 합성된다. 콜레스테롤은 혈류를 따라 순환하며 간과 몇몇 기관에서 합성된다.

사람은 음식물을 통해 상당량의 콜레스테롤을 섭취한다. 간에서 합성되는 콜레스테롤의 양은 보상 메커니즘으로 조절된다. 즉 식사를 통해 섭취한 콜레스테롤의 양이 증가하면 간에서 콜레스테롤의 합성이 감소한다.

이토록 중요한 것이 지방이기에 우리는 이 지방을 꾸준히 섭취해 주어야만 인생을 건강하게 영위해 나갈 수 있는 것이다.

다만 과잉 시 우리 체내에서 문제를 일으키는 것임에, 삼겹살 아닌 오겹살이라도 일단 먹을 때는 맛있게 먹자! 먹되, 몸을 생각해서 너무 많이, 그리고 너무 자주 먹지는 말자는 것이다.

4. 단백질(protein)

(1) 단백질의 개요

❖ 정의

단백질은 탄소, 수소, 산소, 질소 등의 원소로 구성되어 있으며, 세포핵의 구성성분 및 생명의 기본 구성성분이다.

단백질은 아미노산(amino acid)이라고 하는 비교적 단순한 분자들이 연결되어 만들어진 복잡한 분자로, 대체적으로 분자량이 매우 큰 편이다. 단백질을 이루는 아미노산에는 약 20종류가 있는데, 이 아미노산들이 화학결합을 통해 서로 연결된 결합을 펩티드결합이라 하며, 이러한 펩티드결합이 여러(poly-) 개 존재한다는 뜻에서 폴리펩티드(polypeptide)라고 한다. 일반적으로 분자량이 비교적 작으면 폴리펩티드, 또는 그냥 펩티드 혹은 펩타이드라 하고, 분자량이 매우 크면 단백질이라고 한다.

❖ 기능

단백질은 생합성에 의해 손상된 조직을 복구하고, 생체 내에서 일어나는 대사작용, 즉 화학반응을 일으키는 데 필요한 각종 효소의 구성성분이다. 단백질은 체내에서 아미노산으로 가수분해되어 흡수된 후 우리 몸에 필요한 단백질로 다시 합성되어 근육, 모발 등 생체구성 및 유지를 위한 생리학적 역할을 한다.

운동선수들이 근육을 키우기 위해 근육운동을 한 후에는 반드시 달걀 등의 단백질을 다량 섭취하는 것을 보는데, 이것은 근육의 주성분이 바로 단백질이기 때문이다. 따라서 근육의 발달을 위해서는 운동 후 단백질을 필수적으로 섭취해야 한다. 단백질은 아미노산이 중합한 거대한 분자로서 탄소가 50% 내외, 수소가 7%, 산소가 23%, 질소가 16%, 황이 약 2% 내외로 구성되어 있고, 질소량을 측정함으로써 단백질의 함량을 알 수 있다.

❖ 단백질의 변성

단백질은 가열이나 가압, 산, 알칼리, 알코올 등으로 처리하면 여러 작용에 의해 안정된 입체구조가 일그러져서 그 성질이 변하는데, 이러한 현상을 변성(denaturation)이라고 한다.

식품을 가열하여 조리하면 단백질이 응고되는 등의 변화가 일어나는데, 이러한 것을 열변성이라고 한다.

단백질의 종류에 따라 응고되는 온도가 다른데 대부분 60~70℃에 열변성이 일어나서 섭취 시 소화 및 흡수가 용이해지도록 해준다. 변성에 의하여 소화율이 높아지는 이유는, 열변성으로 인하여 단백질의 펩티드결합이 열에 의해 풀리면서 단백질 분해효소의 작용을 받아 소화되기 쉽게 바뀌기 때문이다.

(2) 단백질의 종류

단백질은 근원에 따라 동물성 단백질과 식물성 단백질로 구분되며, 그 조성에 따라 단순단백질, 복합단백질, 유도단백질 등으로 나눌 수 있다.

❖ 단순단백질

아미노산만으로 구성된 단백질로서 가수분해하면 역시 아미노산 및 그 유도체만을 생성하게 된다. 그 종류에는 알부민, 글로불린, 글루텔린, 프롤라민, 알부미노이드, 히스톤, 프로타민 등이 있으나 다음에서는 주요한 몇 가지만 그 종류 및 함유식품을 알아보기로 한다.

단순단백질	함유식품
알부민	우유, 난백, 근육, 밀, 피마자 등 동식물성 식품에 널리 분포
글로불린	동식물성 식품에 널리 분포. 콩, 땅콩, 유청, 난백, 근육 등
글루텔린	식물의 곡류 종자 중에 다량 함유. 밀, 귀리, 옥수수 등
프로타민	어류의 정자세포 중 핵산과 결합하여 존재(연어, 청어 등)

❖ 복합단백질

단순단백질에 핵산, 인산, 탄수화물, 지방, 색소 등 비단백질성 물질이 결합된 단백질로서 생리적으로 중요한 활성을 가진다.

복합단백질	특성 및 함유식품
핵단백	동식물 세포의 주성분으로 식품의 맛과 관계 있으며, 동물체의 정액, 식물체의 배아, 효모 등에 있음
인단백	주로 우유, 난황 등의 동물성 식품에 많이 존재
당단백	동물의 점액, 혈청, 난황 등 주로 동물계에 함유
지단백	단순단백질에 지방질이 결합, 물에 녹으며 난황에 함유
색소단백	혈액의 헤모글로빈, 근육의 미오글로빈

❖ 유도(변성)단백질

단순단백질 또는 복합단백질이 가열, 자외선, 교반 등의 물리적 작용이나 산·알
칼리 등의 화학적 작용 또는 효소의 작용으로 성질이 변화된 단백질을 말한다.

유도단백질	특성
젤라틴 (gelatin)	콜라겐이 가열에 의해 변한 것
프로테안 (proteans)	수용성 단백질이 산이나 열, 효소 등의 작용을 받아 불용성으로 변한 것
메타프로테인 (metaproteins)	단백질이 산이나 알칼리에 의해 변화된 것
응고단백질	단백질이 열, 교반, 알코올 등에 의해 변성하여 응고된 것

❖ 동물성 단백질

육류, 난류, 유류, 어패류 등 동물성 식품에 포함되어 있는 단백질로서, 70% 이상이 미오신과 액틴으로 구성된 섬유단백질과 이것을 둘러싸고 있는 콜라겐 등의 결합조직으로 구성되어 있다. 식물성 단백질에 비해서 필수아미노산의 함유량이 많고, 아미노산 조성이 우수하므로 영양가치가 높다.

콜라겐

필수아미노산이 부족하고 질겨서 소화가 어렵고 영양적 가치도 낮으나, 오래 가열하면 분해되어 젤라틴으로 변하게 되고 소화흡수도 쉬워지며 또한 젤라틴은 젤 형성능력이 있어 젤리 등 식품가공에 이용된다.

❖ 식물성 단백질

식물성 식품에 포함된 단백질로서 동물성 단백질에 비해 라이신, 트리오닌, 트립토판 등의 필수아미노산의 함량이 적고, 단백가가 낮은 것이 많다.

곡류

쌀이나 옥수수 등은 단백질 함량이 적고 필수아미노산(라이신, 트립토판 등)이 부족하다.

밀

밀단백질은 글리아딘이라고 하는 글루텐의 성분으로 글루텐을 형성하는 특성을 이용하여 제빵에 활용되고 있다.

두류(콩)

식물성 식품 중에서 비교적 단백질 함량이 높고, 양질의 단백질인 글리시닌을 포함하고 있어 땅에서 나는 쇠고기라고도 불린다. 고단백(40%), 메티오닌과 트립토판을 제외한 필수아미노산을 다량 함유하고 있다.

(3) 아미노산(amino acid)

❖ 개요

- 아미노산은 단백질이 산이나 알칼리 또는 효소 등에 의한 가수분해로 얻을 수 있는 최종 분해산물이다.
- 아미노산은 분자 내에 1개 또는 그 이상의 아미노기($-NH_2$)와 카르복시기($-COOH$)를 동시에 가지고 있으며, 그 수에 따라 산성 아미노산, 염기성 아미노산, 중성 아미노산 등으로 분류된다.

❖ 특성

- 무색의 결정으로 물에 용해하면 저급 아미노산은 단맛 또는 지미(맛있는 맛)가 느껴지고, 분자량이 많은 것은 쓴맛이 느껴지기도 한다.
- 단백질을 섭취하면 체내에서 아미노산으로 분해되어 흡수, 이용되기 때문에 최근에는 비타민과 함께 영양제로 이용되고 있다.
- 아미노산은 각각 특징적인 맛을 지니고 있기 때문에 간장 등 조미식품이나 화학조미료로도 폭넓게 사용되고 있다.
- 글리신은 현재 합성주에 배합되어 술맛을 향상시키며, 식품의 향기 개량에 이용되는 아미노산도 있다.

❖ 아미노산의 보족효과

필수아미노산이 충분치 못한 밀, 옥수수 등의 식물성 단백질은 라이신, 트레오닌 같은 필수아미노산을 동물성 단백질 식품과 함께 섭취하면, 부족한 영양가치를 보충하여 양질의 단백질을 섭취할 수 있다. 이와 같이 부족한 아미노산이 있는 식품과 필수아미노산이 풍부한 식품을 같이 섭취함으로써 서로 보충할 수 있도록 권장하는 바이다.

❖ 필수아미노산과 비필수아미노산

필수아미노산(essential amino acid)

- 필수아미노산이란 인체의 단백질 합성에 꼭 필요한 아미노산이나 인체 내에서 거의 합성되지 않아 반드시 식품으로부터 섭취해야 하는 아미노산이다.

비필수아미노산(nonessential amino acid)

- 인체의 단백질 합성에 필요하지만 반드시 섭취하지 않아도 인체 내에서 필수 아미노산이나 다른 아미노산과의 합성으로 생성되는 아미노산이다.

필수아미노산 (essential amino acid)	비필수아미노산 (nonessential amino acid)
발린(valine)	글리신(glycine)
류신(leucine)	알라닌(alanine)
이소류신(isoleucine)	세린(serine)
트레오닌(threonine)	시스테인(cysteine)
메티오닌(methionine)	시스틴(cystine)
라이신(lysine)	아스파르트산(aspartic acid)
페닐알라닌(phenylalanine)	아스파라긴(asparagine)
트립토판(tryptophan)	글루탐산(glutamic acid)
히스티딘(histidine)—성장기 어린이	글루타민(glutamine)
	오르니틴(ornithine)
	티로신(tyrosine)
	프롤린(proline)

(4) 효소(酵素, enzymes)

❖ 정의

효소란 생체 내에서 화학반응을 촉매하는 단백질이라 할 수 있는데, 각종 화학반응에서 자신은 변화하지 않으나 반응속도를 빠르게 하는 단백질을 말한다. 즉 촉매역할을 하는 단백질이라고 할 수 있다.

❖ 화학반응 종류에 따른 효소의 구분

산화환원효소(酸化還元酵素, oxidoreductase)

생체에 필요한 에너지를 공급하기 위해서 산화환원반응을 촉매하는 효소로서, 물질의 산화 또는 환원에 관여하는 모든 효소를 말한다.

전달효소(傳達酵素, transferase)

어떤 분자에서 기능기(機能基; 화학반응에 동시에 관여하는 몇 개의 원자집단)를 떼어내어 다른 분자에 옮겨주는 효소들을 말한다. 전이효소(轉移酵素)라고도 한다.

가수분해효소(加水分解酵素, hydrolase)

고분자(高分子; 분자량이 큰 유기화합물)를 물분자를 이용하여 쪼개어(가수분해) 저분자(低分子)로 나누는 효소를 말하는데, 이 효소는 화학반응 때 반드시 물이 필요하게 되며 생체 내에서 이루어지는 여러 가지 가수분해반응에서 작용한다.

분해효소(分解酵素, lyase)

리아제는 분자를 물에 의하지 아니하고 떼어내거나 붙여주는 역할을 한다.

이성화효소(異性化酵素, isomerase)

기질 분자의 분자식은 변화시키지 않고 다만 그 분자구조, 즉 그 성질을 바꾸어 놓는 데 관여하는 모든 효소들을 말하며, 성질을 다르게 한다는 의미에서 이성질화효소(異性質化酵素)라고도 한다.

<u>연결효소(連結酵素, ligase)</u>

　어떤 두 물질을 결부시키는 효소들을 말하며, 합성효소(合成酵素)라고도 한다.

❖ 주요 효소

　효소는 단백질로 이루어져 있기 때문에 온도나 pH(수소이온농도) 등에 크게 영향을 받는다. 보통의 효소는 35~45℃에서 활성이 가장 크지만 온도가 그 범위를 넘어서면, 오히려 활성이 떨어진다. 또한 효소는 pH가 일정 범위를 넘어도 기능이 급격히 떨어진다.

　한 가지 효소는 한 가지 반응만을, 또는 극히 유사한 몇 가지 반응만을 선택적으로 촉매하는 기질특이성(基質特異性)을 가지고 있다. 효소의 기질특이성은 마치 자물쇠와 열쇠의 관계로 설명할 수 있는데, 효소는 그 성질에 맞는 것에서만 그 기능이 나타나 화학반응을 일으키기 때문이다.

　다음은 주요 효소들의 종류 및 특성이다.

효소	특성 설명
리파아제 (lipase)	동식물체, 우유 등에 존재하는 지방을 가수분해하는 효소
펙틴질 분해효소 (pectin enzymes)	펙틴질을 가수분해하는 효소
단백질분해효소 (protease)	단백질을 가수분해하는 효소
페놀라아제 (phenolase)	채소, 과일 중에 들어 있으며 이들의 가공 및 저장 중 갈변반응을 일으키는 산화효소로 작용
글루코오스 이성화효소 (glucose isomerase)	감미료 제조에 사용
고정화효소 (immobilized enzymes)	효소의 활성도를 높이기 위하여 효소를 고정

5. 미량성분

❖ 미량성분이란?

영양소 중에서 에너지로 사용되는 열량소는 아니지만 극소의 양으로도 인체 내 구성 및 조절에서 중요한 기능을 갖고 있는 성분을 말하며, 비타민과 무기질이 대표적인 것이다.

(1) 비타민(vitamin)

❖ 비타민의 개요

비타민은 에너지를 내는 열량소가 아니고, 우리 몸을 구성하는 구성요소도 아니지만 미량으로 인체 내에서 중요한 물질대사나 생리작용을 하므로 건강을 유지하기 위해서는 반드시 섭취해야 하는 영양소이다.

체내에서 합성되지 않으므로 반드시 식품을 통해 섭취해야 하며, 부족 시 결핍증이 나타나고 특히, 수용성 비타민은 과잉 섭취 시 불필요한 양은 체외로 배출되는데 반해, 지용성 비타민의 경우에는 과잉 섭취 시 오히려 과다증에 걸릴 수 있으므로 주의가 요망된다.

❖ 비타민의 종류

지용성 비타민(fat soluble vitamin)

유기용매에 잘 녹는 것으로서 결핍증세는 서서히 나타나지만, 섭취량이 넘쳤을 때에는 몸에 축적되어 독성을 나타낼 수도 있다. 비타민 A, D, E, K 등의 과잉 섭취 시 체외로 배출되는 수용성 비타민과 달리 지용성 중 특히 A와 D는 과잉장애가 있는 것으로 알려져 있으므로 섭취 시 주의해야 한다.

▶ 지용성 비타민의 종류와 기능

종류	작용	결핍증	함유식품
비타민 A 레티놀(retinol)	• 발육촉진 • 상피세포 보호 • 눈의 작용 관여	• 유아 발육부진 • 각막 연화증 • 야맹증	김, 당근, 인삼, 시금치, 간, 파슬리, 뱀장어, 성게, 버터, 난황, 치즈
비타민 D 칼시페롤(calciferol)	• 칼슘, 인의 대사 • 골조직 형성 작용	• 구루병, 골연화증 • 육아 발육 부진	간, 어육류, 난황, 버터, 효모, 버섯 등
비타민 E 토코페롤 (tocopherol)	• 생식기능 정상화 • 산화방지	• 불임증 • 근육 위축증 등	버터, 달걀, 소간, 육류, 치즈, 분유, 우유, 식물성유, 콩류, 과실류, 양배추, 당근, 토마토, 시금치, 상추, 백미
비타민 F 필수지방산	• 산화환원반응	• 피부염 • 성장저지 등	식물성 기름 등
비타민 K 필로퀴논 (phylloquinone)	• 혈액응고	• 혈액응고 지연 • 임신성 유종 • 신장염 등	간장, 닭고기, 달걀, 양배추, 시금치, 토마토, 대두, 완두, 당근, 감자, 밀 등

▶ 지용성 비타민의 과다증

비타민 A : 권태, 식욕부진, 체중감소, 발과 발목이 붓고 어깨, 손목, 무릎이 때때로 쑤시며, 피부가 거칠어지고 뼈가 약해지며 머리카락이 빠진다.

비타민 D : 식욕감퇴, 메스꺼움, 구토, 갈증, 설사, 허약, 체중감소 등이다. 또한, 뼈조직뿐 아니라 심장, 근육 등의 각종 연조직에 칼슘이 침착된다. 특히, 콩팥에 석회화가 일어나 기능장애를 일으켜 요독증(소변으로 배설되어야 할 각종 노폐물이 혈액 속에 축적되어 일어나는 중독)이 발생되기도 한다. 이러한 과다증상은 섭취를 즉시 중지함으로써 증세를 완화시킬 수 있다.

수용성 비타민(water soluble vitamin)

- 물에 용해되는 것으로서 필요량 이상으로 섭취 시 몸 밖으로 배출되지만, 결핍 시 증세가 빨리 나타난다.

▶ 수용성 비타민의 종류 및 기능

종류	작용	결핍증	함유식품
비타민 B₁ 티아민(thiamine)	• 탄수화물 대사촉진 • 소화기관 자극 • 신경기능 조절	• 피로, 권태 • 각기, 식욕부진 • 신경염, 신경통 등	곡류의 씨눈, 말린 콩, 돼지고기, 고추장, 마늘, 땅콩, 우유, 대구, 달걀, 녹색채소
비타민 B₂ 리보플라빈 (riboflavin)	• 발육촉진 식욕증진 • 구내 점막보호 • 산화반응에 작용	• 발육저해, 구강염 • 설염, 위장장애 등	셀러리, 시금치, 간장, 녹색채소, 된장, 우유, 쇠간, 쇠고기, 명란 등
비타민 B₆ 피리독신(pyridoxine)	• 단백질 대사	• 빈혈, 피부질환 • 피부염, 기관지염 등	쌀겨, 간장, 효모, 난황, 배아
비타민 B₁₂ 시아노코발라민 (cyanocobalamin)	• 증혈작용 • 성장촉진	• 악성빈혈, 간장질환	간장, 우유, 달걀, 해조류
비타민 C 아스코르브산 (ascorbic acid)	• 체내 산화환원 • 세포질 성장촉진 • 단백질 대사작용	• 괴혈병, 잇몸출혈 • 전염병 등	홍차, 시금치, 파슬리, 콩나물, 고구마, 우유, 토마토, 귤, 양배추, 파, 배추, 육류
엽산 폴산(folic acid)	• 항빈혈작용 • 성장촉진	• 빈혈	시금치, 간장, 육류, 소맥, 양송이, 효모 등
니코틴산 나이아신(niacin)	• 탄수화물 대사 • 피부염 예방	• 펠라그라(pellagra)	콩류, 곡류의 배아, 간장, 육류, 어류 등
판토텐산 (pantothenic acid)	• 체조직기능 정상 유지	• 피부염	간장, 육류, 땅콩, 곡류, 감자

TIP

비타민과 호르몬

비타민은 소량으로 신체기능을 조절한다는 점에서 호르몬과 비슷하지만 신체의 내분비기관에서 합성되는 호르몬과 달리 외부로부터 섭취되어야 한다. 비타민은 체내에서 전혀 합성되지 않거나, 합성되더라도 충분하지 못하기 때문이다. 이렇게 체내합성 여부에 따라 호르몬과 비타민이 구분되기 때문에 어떤 동물에게는 비타민인 물질이 다른 동물에게는 호르몬이 될 수 있다. 예를 들어, 비타민 C는 사람에게는 비타민이지만 토끼나 쥐를 비롯한 대부분의 동물은 몸 속에서 스스로 합성할 수 있으므로 호르몬이다.

(2) 무기질(mineral)

❖ 무기질의 개요

식품이나 생물체에 함유되어 있는 원소 중에서 유기화합물을 구성하는 탄소, 수소, 산소, 질소 이외에 칼륨(K), 칼슘(Ca), 마그네슘(Mg) 등의 화학원소를 말하며, 열처리 후에 남은 회분을 무기질 함량수치로 나타내므로 무기질을 회분(ash)이라고도 한다.

신체를 구성하는 구성성분

칼슘, 인, 마그네슘	뼈와 치아를 구성
황	머리카락, 손톱의 구성성분
철, 구리, 나트륨, 인, 염소	혈액의 구성성분

신체를 조절하는 조절성분

신체의 발육을 촉진하고 체액의 조성 및 생리적 기능을 조절하는 중요한 기능을 보유하고 있다. 신체의 3~4%를 차지하고 있으며, 땀이나 소변으로 매일 배출되므로 지속적인 섭취가 요구된다.

❖ 무기질의 종류 및 기능

종류	작용	결핍증	함유식품
칼슘(Ca), 인(P)	• 골격 및 치아 구성 • 핵산의 구성성분 • 인지질 구성 • 근육 수축과 이완 • 산과 염기 평형조절	• 골격, 치아의 발육부진 • 골다공증, 구루병 • 성장저해 • 근육경련 • 식욕부진	어육류, 난류, 우유, 치즈, 녹색채소, 해조류, 콩, 두부
마그네슘(Mg)	• 신경자극의 전달 • 근육 긴장 및 이완 • 효소활성제 • 골격과 치아 구성	• 신경 및 근육경련 • 구토 • 설사	곡류, 대두, 견과, 채소류
철분(Fe)	• 산소 이동 및 저장 • 헤모글로빈 산화 • 효소의 구성성분 • 효소의 보조인자 작용	• 빈혈, 피로, 허약 • 식욕부진 • 유아 발육부진 • 면역기능 저하	육류, 간, 어패류, 가금류, 곡류, 난황, 녹황색 채소 등
요오드(I)	• 갑상선 호르몬 성분 • 갑상선 호르몬 합성	• 갑상선종 • 태아의 성장발육 부진	미역, 다시마, 김, 시금치, 무
아연(Zn)	• 생체 내 금속효소의 구성성분 • 단백질 대사 • 상처회복, 면역기능 • 생체막 구조와 기능	• 정상 성장 및 근육발달 지연 • 생식기 발달 및 면역기능 저하 • 상처회복 지연 • 식욕부진	동물성 식품, 쇠고기, 간, 굴, 게, 새우, 곡류, 콩류
칼륨(K)	• 체액 삼투압 유지 • 수분평형 유지 • 산과 염기 평형 • 근육수축 및 이완 • 단백질 합성에 관여	• 구토 • 식욕부진 • 허약 • 근육경련 • 어지러움, 변비	육류, 우유, 녹색채소, 오렌지, 감자, 콩류, 바나나

골다공증(骨多孔症, osteoporosis)

골다공증이란 뼈의 구조에는 아무 이상이 없지만, 뼈를 형성하고 있는 무기질과 기질의 양이 부족하여, 뼛속에 스펀지처럼 작은 구멍이 많이 나서 무르고 부러지기 쉬운 상태가 된 것으로서 골조송증(骨粗鬆症)이라고도 한다. 골다공증 자체로는 구체적인 증상을 나타내지 않지만, 뼈의 크기나 용적은 같아도 뼈의 질량 자체가 매우 적어진 상태를 이른다.

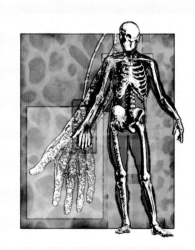

골다공증의 원인은 호르몬 질환 등 여러 질환의 증세로도 생기지만 보통은 뼈의 노화현상으로 생긴 것이다. 가장 많이 발생하는 연령층은 폐경 후 여성들이며, 그 다음은 남녀 모두 노인으로 노인성 골다공증이다. 골다공증은 골질의 형성보다 감소가 더 크기 때문에 뼈의 용적은 같아도 속은 비게 되는 것이다. 그 원인은 분명하지 않지만 성호르몬의 결핍, 비타민 D와 칼슘 부족 등으로 추정되고 있다. 위험인자로는 노령 · 여성 · 운동부족 · 저체중 · 흡연 · 잘못된 칼슘의 섭취 · 폐경 · 난소절제 등을 들 수 있다.

골다공증의 예방법은 평소에 우유 · 버터 · 치즈 등의 유제품, 멸치 등 뼈째 먹는 생선과 녹황색 채소인 시금치, 풋고추, 부추, 쑥갓, 상추, 깻잎, 근대, 아욱, 피망, 늙은 호박, 당근, 양배추, 양파, 양상추, 셀러리 등과 과실류 등을 통하여 칼슘과 비타민이 풍부한 식품을 골고루 적절하게 섭취하는 것이다. 또한 적당한 운동으로 근육을 단련시키면 골다공증을 예방할 수 있다고 한다.

6. 맛과 향기성분

(1) 색소

식품은 종류에 따라 특유한 색을 가지고 있으며 그 색깔의 변화에 따라 신선도와 숙성 정도를 판단할 수 있다.

식품의 빛깔은 식품의 품질을 육안으로 식별할 수 있는 척도가 되고 기호성에도 영향을 준다.

천연색소는 식품에 이미 들어 있거나 가열, 저장 또는 가공 도중에 생성되는데 다음과 같이 분류할 수 있으며, 오래전부터 염료로 사용되어 왔고, 의약품(비타민류 · 클로로필 유도체 · 퀴논류 · 루틴 · 항균성 물질 등)으로 활용되고 있다.

천연색소	식물성 색소	지용성 색소 : 클로로필, 카로티노이드(엽록체)
		수용성 색소 : 안토시아닌, 플라보노이드(식물액포)
	동물성 색소	헤모글로빈 : 동물의 혈액에 존재
		카로티노이드 : 우유, 달걀 노른자에 존재
		미오글로빈 : 근육조직에 존재

(2) 맛과 향기성분

❖ 식품의 맛

식품의 맛은 혀의 표면에 있는 수만 개나 되는 미뢰의 미각신경이 주로 화학적인 자극을 받아 일어나는 감각반응이다. 분자가 미뢰의 섬모에 가서 닿으려면 먼저 물에 녹아 있는 상태여야 한다. 즉 사탕도 혀끝에서 녹기 전에는 그 맛을 느낄 수 없듯이, 수분으로 용해된 상태가 아니면 어떠한 맛도 혀는 느끼지 못한다는 것이다.

식품의 맛은 물성적인 촉감이나 심리적인 상태에 따라 다르고 연령이나 성별 등이 맛의 느낌에 영향을 준다. 다시 말하면 맛있는 음식의 맛을 느끼는 데에는 인체의 모든 감각이 모두 동원된다. 이를테면, 음식이 나오기 전에 냄새를 맡게 되고, 음식이 나오면 눈으로 보면서 식욕을 더욱 강하게 느끼게 되면서, 음식을 입안에 넣어 혀로 맛을 느끼고, 음식을 씹으면서 호흡함으로써 후각기관을 통해 그 맛을 더욱 강하게 느끼게 한다. 그러한 것을 청각을 통해 들으면서 인체의 오감은 모두 음식에서 나오는 느낌에 신경을 곤두세우게 된다.

TIP

야한 색깔의 음식이 몸에 좋다

색깔이 선명한 채소나 과일은 맛과 향으로 식욕을 돋우는 동시에 바라만 보아도 우리에게 상쾌한 느낌을 더해준다. 식품학자들의 최근 연구결과에 의하면 식품의 색소성분에는 산화를 방지하는 항산화 역할과 항암역할을 하는 기능이 있는 것으로 확인되었다고 한다. 당근이나 토마토, 오렌지 등에 있는 카로틴류와 녹색채소에 있는 비타민류 등이 바로 그 예이다. 그 외에도 식품이 가지고 있는 천연색소는 우리 인체에서 아주 유익하게 쓰인다고 한다. 그러므로 우리가 식품을 조리할 때 가급적 다양한 색깔이 적절하게 조화를 이루도록 하는 것이 맛과 멋만 살려주는 것이 아니라 식품의 기능성을 배가시켜 그 가치를 더욱 향상시켜 주는 셈이 되는 것이다. 따라서 식품을 조리할 때 가급적 빨강, 주황, 노랑, 초록, 검푸른색 등 식품이 가지고 있는 고유의 자연색을 골고루 사용하여, 보암직하고, 먹음직하며 맛도 좋고 효과도 좋은 음식을 조리할 수 있는 센스 있는 조리사가 되는 것이 어떨까?

❖ 맛의 종류 및 성분

우리의 입속에 음식이 들어오면 단맛, 신맛, 쓴맛, 짠맛, 감칠맛 등 다섯 가지의 맛을 혀가 감지하여 느낄 수 있지만, 실제로 인체는 여러 맛이 복합된 합성적인 것이 혀를 통해서 맛으로 느껴지는 것이다. 여기에 글루탐산나트륨의 지미(旨味; 맛있는 맛)까지 어우러져 아주 복잡한 맛의 조합이 이루어지게 된다. 또한 입안에서 침 속으로 녹아들어간 식품의 분자들에게 효소가 단백질 등과 반응하여 화학반응을 통해 새로운 분자들을 만들어내기 때문에 음식을 씹을 때마다 맛의 느낌이 달라지기도 한다. 다음의 표는 식품에서 맛을 내는 성분과 그 종류를 나타내고 있다.

단맛 성분	대부분의 단당류와 이당류 및 당알코올 등
신맛 성분	수소이온을 내는 유기산과 무기산이며, 식품 중의 신맛은 주로 유기산
짠맛 성분	염류 중에서 특히 소금($NaCl$)이 대표적이며, 다른 맛의 성분들과 조화되어 풍미 증가
쓴맛 성분	맥주의 홉(hop), 커피의 카페인 등의 알칼로이드
감칠맛 성분	아미노산, 펩타이드, 베타닌, 뉴클레오티드, 유기산
매운맛 성분	유황화합물[마늘, 양파, 파 등의 알릴설파이드(allyl sulfide)], 산아미드류[고추의 캡사이신(capsaicin), 후추의 차비신(chavicine)], 방향족 알데하이드[생강의 진저론(zingerone), 진저롤(gingerol), 쇼가올(shogaol)], 방향족 케톤류
떫은맛 성분	폴리페놀 화합물인 타닌

(3) 미각의 상호작용

❖ 식품의 맛

식품의 맛은 식품이 간직한 고유의 여러 가지 정미물질(呈味物質)과, 이들 정미물질 상호 간에 일어나는 복잡한 작용에 의해 우리가 느끼는 것인데, 이런 현상은 크게 맛의 대비, 억제, 상승효과 등으로 구분하여 볼 수 있으며, 이러한 효과들을 잘 이해하여 조리에 응용하는 것이 중요하다.

맛의 대비현상(contrast)

- 강화현상 : 서로 다른 맛을 내는 물질이 섞였을 때 주된 물질의 맛이 증가되는 현상
- 단맛에 소량의 소금을 넣으면 단맛이 증가하고, 감칠맛에도 소금을 넣으면 감칠맛이 증가
- 짠맛에 유기산을 약간 넣으면 단맛이 강해짐

맛의 억제효과

- 상쇄작용 : 서로 다른 맛을 내는 물질이 섞였을 때 주된 재료의 맛이 약화되는 현상
- 쓴맛이나 신맛은 단맛에 의해 약해지고, 강한 짠맛은 유기산과 감칠맛에 의해 약화됨

맛의 상승효과

- 같은 맛의 두 물질을 혼합했을 때 각각 가지고 있던 맛보다 훨씬 강한 맛을 나타내는 현상. 감칠맛, 신맛, 단맛 등

맛의 변조현상

- 한 가지 맛을 느낀 직후에 다른 맛을 정상적으로 느끼지 못하는 현상
- 단것을 먹은 후에 사과나 귤을 먹으면 신맛이 강하게 느껴지고, 신 귤을 먹은 후 사과를 먹으면 달게 느껴진다.

(4) 식품의 냄새

식품의 냄새는 맛, 색 등과 같이 식품의 기호를 결정해 주는 성분이며, 식품에 미량 함유된 휘발성 성분에 기인한다. 음식을 먹을 때 느끼는 실제의 맛과 향기는 코에서 느끼는 것이다. 코로 숨을 쉬지 않으면 음식의 냄새와 맛을 사실상 느끼기 어렵다. 숨을 쉴 때마다 입에서

코로 통하는 통로를 통해 음식의 냄새가 코에서 느껴진다. 음식이 입안에 들어가면 처음에는 분자의 크기가 작은 것이 냄새로 느껴지다가, 음식을 씹음으로써 다른 분자들과 휘발성 분자들도 코로 올라와 맛과 향이 느껴지는 것이다. 일반적으로 우리에게 쾌감을 주는 냄새를 향기(aroma)라 하고 불쾌감을 주는 냄새를 불쾌취(stink), 그리고 식품의 맛과 냄새를 합한 감각을 풍미 또는 향미(flavor)라고 한다.

❖ 식물성 식품의 냄새

식물성 식품의 냄새성분은 알코올류, 알데하이드(알데히드)류, 에스테르류, 테르펜류 및 유황화합물

❖ 육류의 신선한 냄새

혈액에서 오는 냄새성분으로 아세트알데하이드(acetaldehyde) 등이 작용

❖ 육류의 불쾌한 냄새

단백질, 아미노산, 질소화합물과 미생물의 작용으로 생성되는 휘발성 아민류, 티올[thiol=메르캅탄(mercaptan)] 등으로 인하여 썩는 냄새 발생

냄새의 중요성

우리가 음식의 맛을 혀로만 느끼는 것 같지만 사실은 코를 통해서도 맛을 느끼고 있다. 아니 어쩌면 코를 통해서 느끼는 것이 혀를 통하여 느끼는 것보다 더욱더 강하다고도 할 수 있다. 그 이유는 인체의 호흡작용을 통해서 코로 들어오는 향기와 공기가 혀로 하여금 맛으로 인식 하게 할 수 있기 때문이다. 좀 더 자세히 말하면 입안의 음식은 호흡을 통해서 혀가 맛을 느끼 고 인식할 수 있도록 구성되어 있다는 것이다.

이를 입증하기 위하여 간단한 실험을 해볼 수 있다.

우선 음식을 먹을 때 입에 넣고 씹으면서 코를 막아보라. 음식의 맛이 거의 느껴지지 않을 것 이다. 그렇게 하고 나서 코로 호흡을 하면서 씹어보라. 비로소 음식의 맛이 느껴질 것이다.

다음 단계로 음식을 입으로 씹으면서 그 음식을 수저로 가져다가 코에 대어보라. 음식의 맛이 더욱 강하고 진하게 느껴질 것이다.

마지막 단계로는 음식을 씹으면서 냄새가 강한 다른 종류의 음식을 코에 대어보라. 그리고 입 에서 어떤 음식의 맛이 더 강하게 느껴지는지 확인해 보라. 아마도 입안에 있는 음식의 맛보다 코앞에 있는 음식의 향이 맛으로 더욱 강하게 느껴질 것이다.

즉 음식의 향기와 냄새가 맛을 좋게 느낄 수 있도록 한다는 것이다. 따라서 식품의 조리 시 음 식에서 풍길 수 있는 냄새에 신경을 쓰고 좋은 냄새가 나도록 조리한다면 식욕을 더욱 자극시 킬 수 있고 맛있는 음식을 만들 수 있을 것이다.

Remind

Introduction to
Food Science

———

곡류와
두류, 서류

———

03

Chapter

1. 오래전부터 인류의 주식으로 이용되었던 것들이고, 지금도 여전히 애용되는 귀중한 식량자원들을 감사한 마음으로 살펴봅니다.
2. 곡류와 두류, 서류들을 이용하여 가공한 제품들을 보며, 식품 원래의 맛을 살리는 것이 조리의 기본임을 명심해 보도록 합니다.

Chapter 03 곡류와 두류, 서류

1. 곡류

(1) 곡류의 특성 및 구조

❖ 개요

- 곡류란 화본과에 속하는 열매를 식용 또는 사료로 이용하는 것으로 곡식을 총 칭하는 것
- 쌀과 보리, 밀, 호밀, 귀리 등의 맥류와 조, 수수, 옥수수, 메밀, 기장 등의 잡곡 으로 분류
- 곡류는 기원전 7000년경부터 재배되기 시작
- 오곡 : 쌀, 보리, 조, 수수, 콩
- 곡류의 분류

분류	곡류
미곡류	멥쌀, 찹쌀, 유색미
맥류	밀, 보리, 쌀보리, 귀리, 호밀, 라이밀
잡곡류	옥수수, 조, 수수, 기장, 메밀, 율무

- 인류가 가장 흔하게 많이 섭취하고 있는 식품

❖ 특성

- 주성분은 전분(56~73%)이며, 소량의 단백질(6~14%)과 지질(1.9~5.4%)을 함유
- 언제나 오랫동안 상식하여도 물리지 않아 주식으로 이용
- 수분함량 14% 이하로 단단하고, 부피가 작으며, 저장 및 유통 용이, 다량 생산

❖ 종류

잡곡

- 쌀, 밀, 보리, 콩을 제외한 종을 통칭. 조 · 피 · 기장 · 수수 · 옥수수 · 메밀 등

생산량

- 쌀 생산량의 98.2%가 아시아에 집중. 중국(38.5%) 1위, 인도(19.4%) 2위, 한국 (3.2%)은 7위

❖ 곡류의 구조

과피(bran)

- 배아와 배유를 보호하는 기능. 도정 시 대부분 제거

배아(embryo)

- 종자부분으로 뿌리나 잎을 발아하여 식물체를 형성하는 중요한 부분

배유(endosperm)

- 곡류의 대부분을 차지하는 가식부위

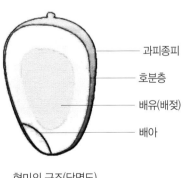

과피종피
호분층
배유(배젖)
배아

현미의 구조(단면도)

❖ 변패와 저장

곡류의 호흡작용으로 품질저하

해충(바구미, 곡식나방, 쥐)으로 인한 피해

1년 동안 상식하는 식품으로서 장기적인 저장 필요성 대두

(2) 주요 곡류 및 가공품

❖ 쌀(rice)

원산지

- 인도와 중국에서 전파
- 밀, 옥수수와 함께 3대 곡류 중 하나로 약 7,000여 종으로 분류
- 인도형(indica type)과 일본형(japonica type)이 대표적
- 우리가 사용하는 품종은 일본형

이용

- 취반용 : 밥으로 만들어 아시아 및 한국인 의 주식으로 이용
- 가공용 : 떡, 음료, 국수, 막걸리 등의 재료
- 쌀겨기름 : 정제하여 식용유로 이용하거나 화장품 등의 원료로도 사용

종류 및 특성

- 도정을 통하여 곡피(쌀겨), 배아 등을 제 거하여 사용
- 도정 정도에 따라 현미, 오분도미, 육분도 미, 팔분도미, 십분도미(백미) 등으로 분류
- 멥쌀과 찹쌀은 아밀로스(amylose)와 아

밀로펙틴(amylopectin) 함량으로 구분

- 아밀로스와 아밀로펙틴 둘 다 전분이지만 형태가 다름
- 일반적으로 멥쌀은 아밀로스가 20% 내외이고 아밀로펙틴 함량이 80% 내외인 수준
- 찹쌀은 아밀로스를 함유하지 않고 아밀로펙틴만 100% 함유
- 아밀로스 함량이 낮으면 밥을 지었을 때 광택과 찰기가 있고 부드러워 식미 증가
- 아밀로스 함량이 높으면 밥이 푸석푸석하고 시간이 지나면 딱딱해져 식감 감소

종류	특성
현미	왕겨와 과피만을 벗겨낸 쌀로서 영양성이 좋지만 기호상으로 정백미에 떨어진다.
백미	라이신, 히스티딘, 트레오닌 등의 필수아미노산이 부족하므로 잡곡과 혼식 권장. 밥으로 지으면 약 2.5배로 팽윤, 떡이나 막걸리 등의 재료로 사용한다.
찹쌀	유백색으로 멥쌀과 구분되며, 찹쌀전분은 아밀로펙틴(amylopectin)이 많아 점성이 강하다. 소화력이 좋으나 떡으로 만들면 조직이 치밀해지고 점성이 강해 소화액 침투가 곤란해진다.
흑미	유색미 중 적색계는 타닌계, 자색계는 안토시안계 색소가 포함되어 있고, 일반 현미보다 무기질 함량이 높으며, 취반 시 씹힘성과 맛이 뛰어나다.
강화미	영양을 강화하여 생산된 쌀로서, 알파미, 레토르트미 등이 있다.
기능성 쌀	키토산 쌀, 동충하초 쌀, 홍국 쌀, 상황버섯 쌀, 황금 쌀, 게르마늄 쌀, 활성탄 쌀, 카테킨 쌀, 뽕잎 쌀, 당뇨 쌀, 미네랄 쌀, 아미노산 쌀 등
특수 쌀	발아 현미, 흑미, 향미, 배아미, 씻어 나온 쌀 등
친환경 쌀	오리농법 쌀, 무농약 쌀, 저농약 쌀, 무비료 쌀 등
인조 쌀	전분 80%, 쌀가루 20%를 섞어서 만든 쌀 대용품

❖ 밀(wheat)

원산지

- 원산지는 아프가니스탄 카스피해 남안지역
- 쌀, 옥수수와 함께 세계적으로 가장 널리 재배

- 우리는 60% 이상을 미국, 호주, 캐나다 등지에서 수입하여 사용

특성

- 통밀은 소화율이 떨어지고, 도정 시 부스러지므로 제분하여 사용
- 단백질 8~13%, 글리아딘(Gliadin)과 글루테닌(Glutenin)의 혼합물인 글루텐 (Gluten)

종류

- 강력분 : 글루텐 13%, 점탄성이 강하므로 제빵에 적합
- 중력분 : 글루텐 10%, 면류, 페스트리 등에 적합
- 박력분 : 글루텐 8%, 과자나 케이크 등의 제과류에 적합
- 보통밀, 듀럼밀(마카로니, 스파게티), 춘맥, 추맥 등으로도 분류

❖ 보리(barley)

원산지

- 원산지는 코카서스, 중국 등 중앙아시아 근방 이며, 보통 보리라고 하면 겉보리를 일컫는다.

특성

- 섬유질을 다량 함유하고 있어 통변이 용이하 나 소화율이 떨어져 압맥으로 유통 이용
- 압맥 : 보리쌀을 고열증기로 익혀 기계로 눌러 납작하게 만든 것으로 소화가 용이
- 가을보리의 주산지는 경남, 경북, 충남, 충청, 경기 등이고, 봄보리는 전국에서 재배
- 단백질 9.3%, 지방 1.8%, 전분 74.3% 정도 함유
- 그 외의 섬유질, 펜토산, 비타민, 미네랄 등을 함유

❖ 호밀(rye)

__원산지__

- 서남아시아가 원산지이며, 우리나라에는 1921년 독일에서 도입
- 내한성이 강하므로 우리나라에서는 가을에 파종하여 이듬해 봄에 수확
- 밀보다 추위에 강하고 건조한 척박토에서도 잘 자라므로 옥수수나 벼를 수확한 후에 파종

__특성__

- 제분하여 제빵용으로 사용하고, 글루텐이 형성되지 않아 흑빵이나 냉면으로 가공
- 그 외 흑맥주, 위스키 제조용 원료로 사용되며 종자와 풀은 사료로 이용
- 호밀은 전분 70%, 단백질 11%, 지방질 2% 등 함유
- 단백질의 양은 같으나 글루텐과 같은 성질이 약하므로 빵이 덜 부풀고 색이 진함

❖ 귀리(oat)

__원산지__

- 중앙아시아이며 우리나라에는 고려시대 말(馬)의 먹이로 도입
- 내한성이 약하므로 남부지역에서만 추파재배가 가능
- 보리와 마찬가지로 껍질귀리와 쌀귀리가 있다.

__특성__

- 수분 9.7%, 탄수화물 70.4%, 단백질 14.3%, 지방 3.8% 함유
- 다른 곡류에 비해 단백질 다량 함유
- 베타글루칸 : 다당류의 일종으로 면역기능을 높이는 역할을 한다.

- 활성산소 제거, 수용성 섬유질 풍부, 고단백, 저칼로리
- 단백질인 글로불린(globulin)과 지방, 비타민 B$_1$이 풍부
- 식이섬유소를 다량 함유하고 있으며, 정백하여 오트밀(Oatmeal)과 제과 및 주정발효의 원료로 사용

❖ 조(foxtail millet)

<u>원산지</u>

- 아시아 지역이 원산지로서 우리나라에서는 고대로부터 재배되어 온 오곡의 하나로 중요한 식량

<u>특성</u>

- 소화율이 맥류보다 뛰어나 이유식 재료, 혼식 및 사료로 사용
- 차조는 녹색에 가깝고 낱알이 작고 고르며 납작하고, 메조는 노란색에 가까울수록 상품
- 주단백질은 프롤라민(prolamin)과 글루텔린(glutelin)
- 수분 11.4%, 당질 72.%, 단백질 10.7%, 지방 3.7% 함유

❖ 수수(sorghum)

<u>원산지</u>

- 열대 아프리카가 원산지이고, 중앙아시아에서 많은 변이종이 알려져 있다.

<u>특성</u>

- 청산을 함유하고 있어 많이 먹으면 중독현상 발생
- 종피는 타닌을 함유하고 있으며, 저품질로 소량 생산
- 엿, 떡, 죽, 과자 등의 재료로 사용
- 수수는 곡류 중 타닌을 함유하고 있어 떫은맛이 강함
- 특히 오곡밥이나 수수팥떡을 할 때 사용하는 것은 차수수
- 색깔이 붉고 타닌 함량이 높으므로 물을 자주 갈아주어 붉은색과 떫은맛을 우려낸 후 사용

❖ 메밀(buckwheat)

<u>원산지</u>

- 동북아시아이며, 우리나라는 송대(宋代)에 널리 재배

<u>특성</u>

- 라이신(lysine), 트립토판(tryptophan) 등이 주단백질
- 루틴(rutin, vit. P) 함유로 뇌출혈 방지 등의 약리작용
- 메밀은 수분 13.1%, 당질 67.8%, 단백질 13.6%, 지방 3.3% 정도 함유
- 국수, 냉면, 과자의 재료와 소주나 양조용으로도 이용
- 서양에서는 거의 사료로만 사용됨

❖ 곡류 주요 가공품

밥과 죽

- 밥 : 물과 열을 이용하여 전분을 호화시킨 것으로 수분이 적으면 바닥이 타서 누룽지가 만들어지기도 함. 쌀을 이용한 가장 대표적인 것이다.
- 죽 : 물과 쌀의 비율을 7 : 1 정도로 넣고 오래 끓여 쌀알이 무르익게 만든 음식으로 쌀이 부족했던 때의 밥 대용품이었으나 현재는 소화력이 약한 환자식이나 별미음식으로 즐겨 먹고 있다.

빵

- 밀가루를 반죽하여 효모 등을 첨가해서 부풀린 후 구운 것으로 밥과 함께 전 세계의 주식으로 이용되고 있다.
- 빵으로 가공할 때 발효를 거치지 않고 만드는 경우도 있으며, 밀가루 외에 보리나 호밀 등을 이용하기도 한다.

면류

- 글루텐의 점탄성을 이용한 것으로, 밀가루 반죽에 소금을 넣어 반죽한 것을 가늘고 길게 성형한 것을 말한다. 듀럼밀로 반죽하여 압출 성형시킨 마카로니, 중화면을 증기로 익혀 튀긴 라면 등도 있다.
- 면은 대개의 경우 밀가루만을 사용하였지만 쌀이나 메밀 등을 이용하는 것도 보편화되었고 최근에는 여러 가지 기능성 채소나 재료를 섞어서 만들기도 한다.

케이크와 쿠기

- 케이크 : 밀가루를 반죽하여 달걀흰자의 기포력에 의해 부풀려 구운 뒤에 버터크림이나 생크림 등을 표면에 바르고 과일이나 초콜릿 등으로 장식한다.
- 비스킷 : 밀가루 반죽에 효모 대신 팽창제를 넣어 단시간에 구워낸 것으로 종류나 제조 가공방법이 다양하다.

한과류

- 강정, 다식 등 전통 한과류의 재료로 활용된다.
- 떡의 주재료로 이용되어 왔으며 최근 떡 상품의 개발로 이용이 증가되고 있다.

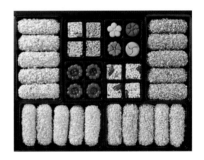

일식 과자류

- 건과자, 생과자, 당과, 양갱, 미과, 오꼬시, 화과자 등의 주재료 또는 부재료로서 쌀가루와 밀가루 등이 활용되고 있다.

2. 두류

(1) 두류의 종류 및 특성

❖ 개요

두류는 콩과에 속하는 작물로서 단백질을 다량 함유하고 있으며, 곡류를 주식으로 하는 이들에게 매우 중요한 식품재료로써 활용되고 있다. 지방이 많고 탄수화물이 적은 땅콩 등과 지방이 적고 탄수화물이 많은 팥, 녹두, 완두, 강낭콩 등으로 대별된다. 특수성분으로는 사포닌(saponin), 타닌(tannin), 레시틴(lecithin) 등이 있다.

❖ 대두(大豆; soybean)

원산지

동북아시아가 원산지로 옛날의 고구려였던 중국이다. 약 5천 년 전부터 재배해 왔으며 한국에서는 삼국시대 초기부터 재배되었다.

특성

- 종류 : 흰콩, 누런콩, 청대콩, 밤콩, 검정콩
- 이용 : 밥이나 떡, 반찬으로 이용하기도 하지만 두유, 장류, 두부, 콩나물, 대두단백소재 등의 가공재료로써 활용되는 양이 더욱 많다.

❖ 팥(小豆, 赤豆; small red bean)

원산지

중국 등 아시아 지역이며, 동양의 온대지방에서 재배되고 있다.

특성

- 반드시 처음 삶은 물은 버려 사포닌 성분을 일부 제거한 후 다시 물을 부어 삶아서 사용
- 팥에는 당질 68.4%, 단백질 19.3%, 지방 0.1% 정도 함유
- 당질 중에는 전분이 34% 정도
- 기능 : 비타민 B가 다량 함유되어 있어 각기병 예방작용이 있고, 사포닌(saponin)은 섬유질과 함께 장을 자극하여 변비의 예방 및 치료 효능이 있다.
- 이용 : 혼식, 제과, 양갱, 팥죽, 빙과용

❖ 녹두(綠豆; green gram, mung bean)

원산지

- 동부아시아 열대 및 인도로 추정
- 우리나라는 1400년대 이전부터 재배

특성

- 녹두는 탄수화물 57%, 단백질 20~25% 정도 함유
- 콩과는 달리 전분이 34% 들어 있고 떡과 죽에 이용되며, 싹을 내서 숙주나물로 사용
- 기능 : 녹색을 띤 콩이라는 뜻으로 점성물질인 갈락탄(galactan)을 함유하고 있다.
- 이용 : 청포, 빈대떡, 떡고물, 숙주(녹두)나물(green-bean sprouts)

❖ 땅콩(peanut)

원산지

- 남아메리카의 브라질로 기원전 약 800년의 고대 페루인의 묘에서 발견
- 우리나라에는 조선시대에 중국으로부터 전해진 것으로 추정

특성

- 유일하게 땅속에서 열매가 열리며, 단백질 20%, 지방 40%의 유지작물로 취급되고 있다.
- 이용 : 볶아서 간식용으로 사용되고, 땅콩버터나 제과 원료 등으로 쓰이며, 낙화생기름은 식용기름 및 마가린 제조, 기계유, 윤활유 등으로 이용한다. 줄기와 잎은 가축의 사료로 껍질은 제지 원료로도 사용하고 있다.

❖ 강낭콩(kidney bean)

원산지

- 남미 페루가 원산지이며 북아메리카의 인디언들이 재배

특성

- 청산 배당체가 들어 있으므로 사용하기 전에 충분히 물에 불릴 것
- 싹이 난 콩은 반드시 익혀서 이용
- 강낭콩은 종실의 크기에 따라 구분

강낭콩(red kidney bean)	종실 길이 1.5cm 이상
필드콩(field bean)	종실길이 1~1.2cm, 갈색 무늬가 있는 분홍색 껍질
핀토빈(pinto bean) 매로 콩(marrow bean)	종실 길이 1~1.5cm
네이비 콩(navy bean)	종실 길이 0.8cm 내외

❖ 완두(green pea)

원산지

동유럽 및 서아시아에서 재배되었다.

특성

- 성분 : 칼슘과 인이 많고 비타민 B, C, 비오틴(biotin), 콜린(choline) 등이 풍부하다.
- 이용 : 혼식 및 죽, 과자의 재료, 통조림 제조, 수프, 샐러드 등으로 이용된다.
- 우리나라에서는 단단한 꼬투리를 가진 덩굴형의 종류가 재배됨
- 성숙하기 전 푸른 것은 주로 통조림을 만들어 이용
- 통조림 제조 시 비타민 C가 대부분 파괴

(2) 두류의 주요 가공품

❖ 두부류

- 보편적인 식품으로 콩의 단백질을 추출, 응고시킨 것이다.
- 수분함량에 따라 물성에 차이가 나며 두부의 종류가 달라진다.
- 이용 : 소화흡수가 용이하여 각종 요리에 다양하게 응용된다.
- 종류 : 유부, 연두부, 순두부, 비지, 냉동두부 등

❖ 두부의 제조공정

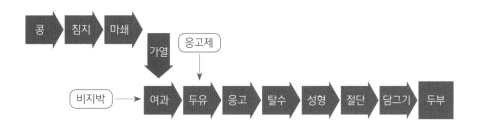

❖ 두유

콩을 갈아 거른 것에 지방, 설탕, 물을 첨가하여 성분 조정, 살균 포장

이용 : 우유 알레르기나 동물성 식품을 피해야 하는 경우

❖ 대두단백소재

- 콩의 기름을 짜고 나면 50%의 단백질을 함유한 탈지대두박을 이용
- 수분흡수, 결착력 : 분쇄육 제품 증량제
- 압출 가공 시 고기의 조직감 : 육제품의 증량제

❖ 장류

된장, 간장, 고추장, 청국장

❖ 콩나물

- 콩을 싹 틔워 만든 채소 : 우리나라만 식용
- 콩나물에는 숙취 예방 및 제거에 큰 효과가 있는 아미노산의 일종인 아스파라긴산이 있는데, 이것은 뇌, 신경세포의 대사기능 조절에 관여하는 비필수아미노산이다.
- 아스파라긴산의 신경세포 대사조절 기능으로 알코올의 분해가 쉽게 이루어지기 때문에 해장국의 재료로도 널리 사용되고 있다.
- 아미노산류 강화제로 유아용 조제분유 및 영양보조식품 등의 영양 강화를 목적으로 하는 가공식품 재료로도 널리 이용되고 있다.
- 콩나물에서 비린내가 나는 이유는 '리폭시게나아제'라는 이름의 효소가 열에 의해 밖으로 빠져나오기 때문이다.

TIP

유해 콩나물에 관한 이야기

콩나물(bean sprout)은 중국, 일본을 비롯한 동남아 국가들이 모두 식용하고 있지만, 우리나라처럼 대두를 싹 틔워서 먹는 콩나물(soybean sprout)은 외국에서 찾아볼 수 없다. 이유를 알 수는 없지만 한국에서만은 유일하게 대두 콩나물을 오랫동안 애용해 왔고 지금도 우리의 식탁에 끊임없이 올라오고 있다. 이렇듯 온 국민의 애용식품인 콩나물이 농약콩나물, 유해콩나물이라는 충격적인 사건은 거의 매년 방송을 통해 수없이 보도되어 왔다. 무엇이 문제인지 잠시 살펴보자.

우리나라에서 콩나물 재배에 사용하는 농약은 종자소독제와 생장조절제로 나눌 수 있다. 그런데 우리나라 농약관리법에서는 살균제의 사용은 금지하고, 생장조절제만을 사용할 수 있도록 되어 있다고 한다. 여기서 종자소독제는 살균제로서 종자나 모종의 표면에 있는 병균을 없애기 위해 사용하는 것이고, 생장조절제는 식물의 생장을 인위적으로 조절하기 위해 사용하는, 즉 수율을 높이기 위해 사용하는 농약인 것이다.

유해콩나물 사건이 발생하는 가장 큰 원인은 재배업체의 영세성이다. 그들은 종자 발아율을 높이기 위해 살균제의 사용이 불가피하여 금지된 것인 줄을 알면서도 사용하는 것이다. 그런데 그것보다 더 중요한 원인은 정부의 탁상행정이다. 농림부는 농작물이 아니고 콩의 형질이 바뀐 제조품이기 때문에 보건복지부 소관이라 하고, 보건복지부는 콩에 물을 주어 키우는 것이므로 농림부가 관리해야 한다고 주장하고 있는 것이다. 결국은 뒤늦게 농림부 소관으로 정해졌지만 유해콩나물이라는 보도가 다시 세상에 나오지 않도록 콩나물의 품질기준 수립과 재배의 현대화를 유도해 주었으면 하는 바람이다.

〈식품위생사건백서(이철호 저) 내용 중 요약〉

3. 서류

(1) 서류의 개요

❖ 정의

서류는 식물의 지하경(地下莖, 땅속줄기) 또는 식물의 뿌리가 일부 비대해져서 괴경(塊莖, 덩이줄기)이나 괴근(塊根, 덩이뿌리)화되어 다량의 전분, 기타 탄수화물을 저장하는 작물을 총칭하며 근채류와는 구분되고 있다. 감자와 고구마가 대표적이다.

감자(potato)

성분은 수분이 약 75%, 녹말 13~20%, 단백질 1.5~2.6%와 약간의 무기질, 비타민 등이 함유되어 있다. 질소화합물의 절반을 차지하는 아미노산 중에는 밀가루보다 더 많은 필수아미노산이 함유되어 있다. 삶거나 튀겨서 간식이나 부식으로 이용하며, 감자전분은 공업용으로 활용되고 있다.

고구마(sweet potato)

성분은 수분이 약 70%, 당질은 28%, 단백질은 1% 내외이며, 주성분은 녹말이다. 이전에는 대부분 주식으로 이용하였으나, 최근에는 별식 또는 간식으로 소비되고 있다.

(2) 서류의 종류와 특성

❖ 감자(potato)

<u>원산지</u>

남미 대륙 서부에 있는 안데스산맥이 원산지이며, 우리나라에는 1824년 만주로부터 도입

<u>품종 및 성상</u>

- 식용 감자는 껍질이 매끄럽고 백색 또는 황색이며 눈이 얕고 육색은 백색
- 줄기가 생긴 후 뿌리가 생기며 지하부 줄기 끝의 일부가 비대해진 것이 감자덩이를 형성
- 우리나라에 가장 많이 보급된 품종은 남작(男爵, Irish cobbler)
- 대량수확이 가능하고 크기가 크고 맛이 좋아 우량종으로 많이 이용

<u>용도</u>

▶ 감자전분

감자에서 추출한 전분을 이용하여 요리, 과자, 어묵 등을 제조 및 가공하는 데 사용

▶ 감자

감자칩 : 껍질 벗겨 얇게 썬 뒤 소금물에 2시간 정도 담갔다가 물기를 제거하여 튀겨낸다. 스낵, 안주로 사용

프렌치 프라이, 볶음, 무침, 전 등

저장

▶ 저장방식

온도 0~8℃, 습도 85~95%가 적당(햇볕을 피하고 온도와 습도가 적합한 지하 땅속에 저장하는 방식-움저장)

▶ 주의사항

햇빛을 받거나 싹이 틀 때 씨눈 주위에 솔라닌(solanine)이라는 독성물질 생성, 식중독의 우려가 있으므로 제거 후 식용

▶ 갈변

껍질을 벗기면 갈색으로 갈변하는데 이것은 티로신(tyrosine) 등의 페놀성 물질이 산화되어 일어나는 반응이다. 소금물에 담가 산소를 차단하거나, 끓는 물에 데쳐 산화효소의 활성을 제거함으로써 방지할 수 있다.

❖ 고구마(sweet potato)

원산지

- 원산지는 멕시코 등 중앙아메리카
- 우리나라에는 1763년 통신사 조엄이 일본에서 돌아오는 길에 대마도에서 종자를 얻어온 것이 시초

품종 및 성상

- 잎은 심장형이며, 줄기덩굴이 지상을 뻗어나가면서 뿌리를 내려 지면에 고착
- 꽃잎의 색은 담홍자색이며 뿌리의 일부에 양분을 축적하여 괴근 형성
- 형태는 단타원형, 장타원형, 원통형, 구형, 덩이형 등이 있으며 색깔과 육질은 종류에 따라 상이하다.

종류	특징
밤고구마	밤과 비슷한 식감과 맛을 가지고 있으며, 수분이 적어 다소 퍽퍽한 느낌이지만 은근한 단맛으로 호감도가 높다.
물고구마	밤고구마와 달리 수분이 많아 찌거나 구웠을 때 말랑말랑하고 끈적한 식감이 있고, 수분함량이 높아 날것으로 먹기에 좋고 겨울철 군고구마용으로 많이 사용된다.
호박고구마	물고구마와 호박을 교접하여 만든 품종으로 색이나 맛이 호박맛에 가깝고, 진한 노란색을 띠며 당도가 높고 촉촉한 식감이 있다.
자색고구마	자색의 안토시아닌으로 항암효과가 가장 좋고, 보라색상을 지니고 있어 샐러드에 사용하면 색과 맛과 아삭한 식감을 느낄 수 있다.
황금고구마	밤고구마와 호박고구마의 중간 정도로, 밤고구마처럼 너무 퍽퍽하지 않으면서도, 호박고구마처럼 너무 물컹거리지 않으며, 색은 황금색으로 달달하고 부드러운 식감이 있다.

품질

- 고구마의 전분에는 분질과 점질이 있다.
- 분질의 고구마가 전분이 많고 맛이 좋으므로 식용한다.
- 분질의 고구마는 적색 계통으로 모양이 고르고 표면이 매끈하다.
- 점질의 고구마는 전분이 비교적 많아 식용에는 적합하지 않으며 주로 전분 제조나 사료 등에 이용된다.

용도

▶ 식량
- 건조고구마, 죽

▶ 부식 및 가공식품 원료
- 엿, 과자류, 고구마전분, 통조림, 어묵, 소시지 등

▶ 공업용
- 주정원료, 의약품, 포도당, 풀, 화장품

<u>저장</u>

- 저장을 위한 최적온도는 12℃ 내외이다.
- 차가운 곳에 두면 말라서 죽거나 변패하기 쉽다.
- 겨울에는 1m 정도의 움을 파서 저장한다.

TIP

소주의 주원료가 고구마?

대한민국의 대표적인 술로서 인기를 누리고 있는 소주. 그 원재료가 고구마 전분인 것을 아는 사람은 생각보다 많지 않다. 물론 안동소주 등과 같은 증류식 소주는 누룩을 이용하여 위스키와 거의 같은 제법으로 알코올의 끓는점인 약 80℃로 가열하여 증기로 빠져나오는 것을 모아 식혀 만든 것이기에 시중에서 유통되는 희석식 소주와는 별개의 상품이다. 여기서 말하고자 하는 것은 바로 이 희석식 소주이다.

희석식 소주는 고구마나 타피오카 등의 전분이 주원료이다. 고구마 전분으로 발효시켜 정제한 주정(에틸알코올)에 물과 사카린 등의 향료와 조미료 등을 넣어 만든 알코올성 음료가 서민들이 애용하는 소주이다. 정제과정에서 남아 있는 소량의 메틸알코올 성분으로 인하여 쓴맛이 나기도 하는데, 이에 대비하기 위해 얼큰한 국물이나 강한 맛의 안주를 찾게 되고, 음주 후 두통을 겪기도 한다. 증류주에서는 고유의 술 향이 나지만, 희석식 소주의 향기는 인위적인 향료로 만들어진 것이다. 희석식 소주는 이러한 인위적인 조작이 가능하기 때문에 알코올의 함량과 맛을 변화시켜 소비자들을 잡으려는 소주 전쟁도 가능해진 것이 아닌가 한다.

TIP

[참고도서 소개] 고구마가 내 몸을 살린다

자연치유서. 이 책은 고구마를 이용하여 건강을 되찾은 저자의 건강요법과 몸이 원하는 영양소 섭취법 그리고 젊게 사는 법 및 간과 위의 치료법, 고구마를 이용하여 건강을 지키는 방법이 담겨 있다.

저자 진견진 | 역자 유리타 | 감수 신민식 | 출판사 한언

❖ 돼지감자

주성분으로 괴경에 15%의 이눌린(inulin, 다당류의 일종)이 함유되어 있고 전분은 없으며, '뚱딴지'라는 이명이 있다.

사람에게 소화효소가 없어 식용으로는 부적당하고 과당, 엿, 알코올 발효용, 사료 등에 사용된다.

덩이줄기를 식용으로 재배하였었고, 한방에서는 뿌리를 국우(菊芋)라는 약재로 쓰는데, 해열작용이 있고 대량 출혈을 멈추게 한다.

유럽에서는 요리에 넣는 채소로 덩이줄기를 많이 이용하고, 프랑스에서는 가축의 사료로 쓰기 위해 오랫동안 심어왔다.

조리 시 슬라이스하여 연한 초간장 절임을 하면 아삭거림이 일품이며, 된장에 절여 섭취하면 풍미가 개선되어 독특한 맛을 낸다.

❖ 토란

열대지방에서는 조식으로 이용되고, 줄기도 채소로 이용되고 있다. 토련(土蓮)이라고도 하며, 채소로 널리 재배하고 있고, 알줄기로 번식하며 약간 습한 곳에서 잘 자란다. 알줄기는 타원형이며 겉은 섬유로 덮이고 옆에 작은 알줄기가 달린다.

토란의 점성물질은 갈락탄(galactan)이며, 주성분으로는 전분이 70% 정도 함유되어 있다. 무기질, 칼륨을 많이 함유하고 있으며, 조리 시 쌀뜨물에 데쳐서 사용하는 것이 좋다.

❖ 구약

구약이라는 명칭보다 '구약감자'라는 이름으로 더욱 많이 알려졌다.

곤약(devil's-tongue jelly)의 원재료이다. 구약을 건조, 분쇄, 도정해서 만든 만난(mannan)은 물과 만나서 점성이 있는 콜로이드액이 되는데 여기에 알칼리성 응고제를 첨가하여 가열한 후 식혀서 반투명의 묵이나 국수의 형태로 만든 것이 곤약이다.

지하경이 직경 25cm 정도의 편구형, 구형으로 무게는 3kg 정도이며 글루코만난(glucomannan)이 10% 정도 함유되어 있다.

만난은 콜레스테롤 수치를 낮추는 역할을 한다고 알려져 있으며, 곤약에 들어 있는 글루코만난은 주성분이 수분과 식이섬유로 되어 있어 소화기관에서 소화되지는 않지만 장을 부드럽게 자극해서 배변활동을 도우므로 변비나 다이어트에 좋다.

곤약은 독특한 향이 나므로 조리 시 반드시 끓는 물에 데쳐서 사용한다.

❖ 참마(yam)

마의 종류는 열대 및 아열대 지역을 중심으로 참마, 부채마, 단풍마 등 10속 650여 종 분포하며, 식용으로 이용되는 것은 50여 종 정도로 알려져 있다. 국내에서 식용으로 재배되는 마는 괴경(덩이뿌리)의 모양에 따라 장마, 단마, 둥근

마로 구분하고 있으며, 참마에는 아밀라아제(amylase), 다이스타아제(diastase) 등의 소화효소가 들어 있어 생식을 해도 소화가 잘 되어, 즙을 내어 식전음식으로 사용하기도 한다. 껍질을 벗기면 점액물질인 뮤신(mucin)이 있는데, 피부에 묻으면 가려움증을 유발하므로 취급 시 주의하도록 한다.

가식부는 뿌리가 원주상으로 비대한 괴근으로서 전분 20%, 자당 3%, 단백질 3.5%, 디아스타아제(diastase, 녹말당화효소) 0.5%, 비타민 B, C 등이 함유되어 있다.

갈아서 즙으로 먹기도 하며, 밀가루나 메밀 등과 섞어 과자 등을 제조하거나 쪄 먹기도 한다.

TIP

구황식품

구황식품이란 일상의 식생활에서는 섭취하지 않다가 기근이나 전쟁, 기타 식량이 부족해졌을 경우에, 일시적으로 섭취하는 식품을 말한다. 우리나라의 대표적인 구황식품으로는 고구마, 감자가 있으며, 대부분의 서류가 구황식품이라고 할 수 있다. 그 외에도 고사리, 고비, 쑥, 참마, 칡, 도토리, 머루, 산딸기 등의 채소나 과실이 있으며, 우렁이, 다슬기, 번데기, 뱀, 메뚜기, 개구리 같은 동물성 식품도 포함된다. 하지만 지금은 이러한 것들을 구황식품이라기보다는 일부는 일상식 또는 술안주나 뷔페요리 음식으로, 또 다른 일부는 나이 드신 분들에게 향수를 느끼게 하는 기호식품으로 자리 잡아가고 있다.

천덕꾸러기 식품이었던 곤약

곤약은 씹힘성이 좋아 쫄깃쫄깃한 맛을 내지만 칼로리가 거의 없어 영양가치가 제로에 가까운 식품이다. 그래서 국물요리에 넣으면, 국물의 맛과 질감이 좋아 부재료로써 가끔씩 이용되는 정도로 천덕꾸러기 신세였다. 하지만 그 속에 약 2% 포함되어 있는 글루코만난(glucomannan)이 콜레스테롤 수치를 낮춰줌과 동시에, 식이섬유로서 장내 이물질을 흡착하여 배설시키는 정장작용이 있으며, 포만감을 주지만 열량이 없는 관계로 비만을 걱정하지 않아도 되는 식품이라는 것이 알려지면서 인기 있는 식품이 되었다. 특히 일본에서는 '곤약사시미'라는 메뉴까지 개발되어 여러 종류의 곤약가공품 및 요리가 출시되고 있다.

Remind

1. 우리가 주로 먹는 곡류의 특성을 설명해 보시오.

2. 구황식품의 종류를 나열하고 이것을 응용한 요리에는 어떠한 것들이 있는지 예를 들어 설명하시오.

Introduction to
Food Science

채소류와
과실류

04

Chapter

1. 채소류와 과실류의 특성과 종류를 살펴봅니다.
2. 채소류와 과실류의 가공품들을 살펴보며, 이러한 종류의 가공품들과 원재료를 이용하
   여 식품 조리에 어떻게 응용할 수 있을지를 생각해 봅니다.

Chapter 04 채소류와 과실류

1. 채소류

(1) 채소의 정의

채소란 식용을 목적으로 재배되는 초본식물을 총칭하며, 전 세계에 걸쳐 약 800여 종이 분포하는데, 우리나라에서는 140종, 그중에서 30여 종이 많이 애용되고 있다. 사용하는 부위에 따라 일반적으로 근채류, 엽채류, 경채류, 과채류, 화채류 등으로 분류한다.

(2) 채소류의 특성

- 수분을 다량 함유(90%)
- 저칼로리, 무기질(칼슘과 칼륨) 풍부
- 비타민 A와 C가 풍부
- 육류나 곡류 섭취로 인해 산성으로 변하기 쉬운 체액을 중성으로 유지
- 식이섬유가 많아 정장작용
- 산뜻한 맛으로 식욕증진, 소화액 분비 촉진
- 저장 : 호흡작용으로 장기저장이 곤란. 냉장 또는 CA 저장(controlled atmosphere storage)

※ CA 저장 : 채소나 과채류의 호흡작용을 거의 정지시키기 위해 탄산가스를 저장고에 흡입시켜
저장하는 방법

(3) 채소류의 종류

❖ 먹는 부위에 따른 분류

❖ 과채류(fruit vegetable)

과실 즉 열매나 종자를 식용하는 채소로서 수분함량이 높고 비교적 당질이 낮으며
대부분 일년초로 봄부터 여름에 걸쳐 수확. 최근에는 비닐하우스 기술이 발달하여
계절에 관계없이 생산

오이(cucumber)

- 원산지는 인도, 히말라야 지방
- 특별한 영양적 특성이 없는 저칼로리 알칼리성 식품
- 오이 특유의 향미가 있고 씹힘성이 좋아 여러 가지 무침이나 절임요리에 이용
- 인체에서는 생리적 배출을 돕고 항종양작용이 있음

호박(pumpkin)

- 과채류 중에서는 전분 함량이 가장 높은 고칼로리 식품
- 전시에는 대용식으로도 이용되었으나 보통은 조리용으로 이용
- 혈압강하 및 동맥경화 예방효과
- 잘 익은 숙과는 다량의 비타민 A를 함유한 비타민 급원식품
- 호박의 황색 육색은 카로틴 물질로 항산화 작용과 항암효과(위암, 폐암, 식도암, 후두암, 전립선암)가 있음

토마토(tomato)

- 과육은 보통 붉은색이지만 노란색인 품종도 있으며, 보통은 열매를 식용
- 신선한 것은 날로 먹고 샐러드 · 샌드위치 등으로 사용
- 주스, 퓌레, 케첩과 각종 통조림 등의 가공식품에 상당량 사용
- 열매는 90% 정도가 수분이며 카로틴과 비타민 C가 다량 함유
- 민간에서 고혈압, 야맹증, 당뇨 등의 약으로 사용
- 유기산으로 식욕증진 및 항진균작용, 위암 예방효과
- 리코펜(lycopene) : 잘 익은 토마토 등에 존재하는 카로티노이드 색소로서 강력한 항산화기능이 있으며, 라이코펜이라고도 한다. 토마토 외에도 붉은색 과일인 수박, 딸기, 감, 붉은 포도, 석류, 자몽 등에 풍부하게 들어 있다.

가지(eggplant)

- 열매는 달걀 모양, 공 모양, 긴 모양 등 품종에 따라 다양한 모양
- 당질이 많고 채소 중에서 비타민이 가장 적음
- 안토시아닌계 색소로 인하여 껍질이 진한 보라색
- 절임이나 구이, 데쳐서 무치는 요리법 등이 있으며, 한방에서는 마취제로도 사용
- 경련진정작용, 바이러스 억제작용 및 항암작용 등

고추(chili pepper)

- 열매는 수분이 적은 원뿔 모양의 장과
- 품종에 따라 모양이나 색깔, 매운맛의 정도가 상이
- 1년생으로 8~10월에 익으며, 붉게 익은 열매는 말려서 향신료로 사용
- 관상용, 약용(중풍·신경통·동상 등) 등으로도 이용
- 잎은 나물로 먹고 풋고추는 조려서 반찬으로 하거나 부각으로 만들어 이용
- 매운맛 성분인 캡사이신(capsaicin)은 식욕증진, 소화개선
- 항암효과, 그리고 항균작용으로 인한 식중독 예방효과

❖ **근채류(root vegetable)**

지하 땅속에 있는 양분을 저장한 뿌리부분을 식용하는 채소로서, 뿌리가 비대(肥大)한 것을 말하며, 근채류에는 무·당근·우엉 등과 같이 긴 모양을 한 것, 고구마·참마 등과 같은 덩이뿌리인 괴경(塊根)을 이용하는 것, 감자·연뿌리·생강·토란 등과 같이 땅속줄기인 지하경(地下莖)을 이용하는 것, 양파·염교 등과 같이 뿌리가 원형모양인 구상(球狀)으로 된 것 등이 포함된다.

다음에 소개하는 것은 우리가 일상적으로 사용하는 대표적인 근채류들이다.

무(radish)

- 무는 배추·고추와 함께 3대 채소
- 비타민 C가 풍부해 겨울철의 비타민 공급원
- 뿌리 쪽에 소화효소인 디아스타아제가 들어 있어 소화흡수를 돕고 위를 보호
- 니코틴 제거효소가 있고 가래 제거 및 천식 등에 좋음

당근(carrot)

무와 같이 뿌리를 채소로 식용하는데, 비타민 A와 비타민 C가 많고, 맛이 달아 나물·김치·샐러드 및 서양요리에 많이 이용한다. 다른 채소와 함께 조리할 때 당근에 식초를 첨가하면 비타민 C의 손실을 줄일 수 있으며, 비타민 A와 베타

카로틴(β-carotene)의 항암효과와 더불어, 식이섬유인 펙틴이 있어 변비와 위장병 예방효과가 있는 것으로 알려져 있다.

양파(onion)

양파는 지방함량이 적으며 채소 중에서 비교적 단백질이 많은 편이다. 양파에서 나는 독특한 냄새는 이황화프로필·황화알릴 등의 화합물 때문이며, 이것은 생리적으로 소화액 분비를 촉진하고 이뇨 등의 효과가 있다. 또한 비늘줄기에는 각종 비

타민과 함께 칼슘, 인산 등의 무기질이 들어 있어 혈액 중의 유해물질을 제거하고, 비늘줄기의 매운맛을 이용하여 샐러드나 수프, 그리고 고기요리에 많이 첨가해서 육류의 불쾌한 냄새를 없애며, 각종 요리에 향신료 등으로 사용하고 있다. 껍질의 황색성분은 플라보노이드(flavonoid)계 물질로서 혈압강하작용이 있다.

퀘르세틴(quercetin)은 플라보노이드계에 속하는 배당체로서, 채소와 과일 따위에 널리 분포하는데 특히 양파 껍질에 많다. 황색의 색소로 특유의 냄새가 있으며, 쓴맛이 약간 있고, 항산화제로서 식품 첨가물로 이용되며 열에 강하므로 차로 끓여 먹으면 좋다.

연근(lotus root)

연의 줄기, 즉 지하경을 말하며 주성분은 녹말이다. 한식에서는 주로 정과(正果)나 조림 등에 사용되며 아삭아삭한 식감이 특징이다. 조리할 때에는 껍질을 벗기자마자 소금이나 식초를 넣은 물에 잠깐 담가 떫은맛을 제거한 후 삶거나 튀긴다. 타닌(tannin)과 철의 소염작용으로 위궤양과 각혈 및 하혈에 좋다.

점액물질인 뮤신(mucin)은 위점막을 보호하고 소화를 촉진시켜 주므로 위가 약한 사람들에게 좋은 조리재료이다.

마늘(garlic)

마늘은 당질과 비타민 B, C 등이 많이 함유되어 있지만, 알레르기가 있으므로 과식은 피하는 것이 좋다. 공복 시에는 소화액의 분비를 촉진하여 위벽을 손상시키기도 하지만, 섭취하면 피로회복에 좋고, 발암물질의 생성억제, 알리신 성분의 살균, 살충작용이 있어 식중독을 예방한다. 마늘을 먹었을 때의 구취는 황화아릴에 의한 것인데, 레드와인을 약간 마시면 다소나마 구취제거 효과를 볼 수 있다.

생강(ginger)

생강은 연중 생산이 가능하며 향신료나 생강차와 생강주 등을 만들기도 하지만, 생채로 김치, 젓갈, 찌개 등의 조리에도 사용한다. 한방에서는 뿌리줄기 말린 것을 건강(乾薑)이라는 약재로 쓰는데, 소화불량·구토·설사에 효과가 있고, 혈액순환을 촉진하며, 항염증과 진통에 효과가 있다고 한다. 생강성분 중의 진저롤은 소화액분비를 촉진하여 식욕을 증진시키고, 위장을 튼튼하게 하며 땀을 내도록 하고, 혈전예방작용도 있다고 한다.

우엉(burdock)

우엉은 껍질에 풍미가 많아 껍질을 벗기기보다는 살짝 긁어내는 정도로 벗겨서 조리한다. 껍질을 벗기면 타닌계의 폴리페놀화합물의 작용에 의해 산화되기 때문에 갈변되나 식초물에 담그면 방지할 수 있다. 우엉김치, 우엉조림 등의 요리에 이용되며, 이뇨제와 발한제로 사용하고, 독충의 해독제로도 효과가 있다. 섬유질이 강하여 잘 익지 않으므로 조리 시 가늘게 썰어서 이용한다.

❖ 엽 · 경채류(leafy and stalk vegetable)

지상부의 잎, 줄기, 싹을 식용하는 채소로 배추 · 양배추 · 상추 · 시금치 등과 같이 잎을 이용하는 것을 말한다. 양파 · 마늘 등과 같이 잎이 저장기관으로 변형된 것, 꽃양배추와 같이 꽃망울을 이용하는 것, 아스파라거스 · 죽순과 같이 어린 줄기를 이용하는 것들이 모두 포함된다.

배추(Chinese cabbage)

- 수분이 95%이며 칼슘과 비타민 A, C의 공급원
- 질병에 대한 저항증진효과
- 김치나 국, 찌개 등에 활용. 겨울철 김장의 주재료
- 침의 분비를 돕고, 섬유질이 풍부하여 변비예방효과

양배추(cabbage)

- 칼슘과 비타민을 다량 함유
- 그린샐러드, 수프나 절임음식 및 다양한 조리 재료로 이용
- 비타민류의 항궤양, 유기산과 효소로 소화용이 및 독소 제거작용

상추(lettuce)

- 한국·중국·일본·미국·영국 등 비교적 넓은 지역에서 재배 및 이용

- 품종이 다양하게 분화, 한국에서는 주로 잎상추나 결구상추를 많이 재배

- 비타민과 무기질이 풍부하며, 샐러드나 쌈, 겉절이로 이용

- 줄기에 들어 있는 우윳빛 즙액에 있는 락투세린과 락투신의 진통과 최면 효과로 상추를 많이 먹으면 잠이 오기도 하지만 신경안정 및 불면증에 유효

양상추(lettuce head)

양상추는 샐러드로 가장 많이 이용되는 채소이며, 수분이 약 95%, 그 외에 탄수화물, 단백질, 섬유질, 비타민 C 등이 함유되어 있다. 양상추의 쓴맛은 상추와 마찬가지로 락투세린(Lactucerin)과 락투신(Lactucin)이라는 알칼로이드 때문인데, 이것은 최면·진통 효과가 있어 양상추를 많이 먹으면 역시 졸음이 온다. 쓴맛 성분인 락투신의 최면, 진통 효과도 있지만, 먹을 때의 아삭거리는 상쾌한 맛이 최고이다.

부추(scallion)

부추는 음식의 내용물에 섞이는 데 많이 이용되고, 특히 고기요리와 잘 어울린다. 엽록소가 풍부하고, 콜레스테롤의 소화 흡수를 방해하며 동맥경화 예방에도 효과적이다. 알릴 디설파이드가 자율신경을 자극하여 자양강장작용도 있는 것으로 알려져 있다.

시금치(spinach)

시금치는 뿌리에 달린 잎과 어린 부분을 나물로 먹는데, 서양에서는 샐러드로, 동양에서는 볶거나 삶아서 나물로 이용한다. 민간에서는 포기 전체를 변비약으로 사용하기도 하는데, 사포닌과 양질의 섬유가 있기 때문이다.

베타카로틴(β-carotene)이 있어 특히 폐암예방효과가 있고 비타민·철분이 많아 감기 및 빈혈 예방에 좋다.

시금치의 수산(oxalic acid-옥살산)은 물에 데치면 거의 없어지지만, 일부라도 칼슘과 결합하여 결석의 요인이 될 수 있으므로 담석증이 있는 사람은 기피할 수도 있으니, 그러한 우려가 있는 사람에게는 가급적 시금치 요리를 제공하지 않도록 한다.

일반적인 시금치보다 맛이 좋아 인기가 있는 품종으로 포항초와 섬초가 있는데, 포항초는 포항에서 나는 시금치 품종(겨울 노지(露地)에서 자란 시금치)으로 일반종에 비해 짧고, 맛과 향이 좋지만, 가격은 다소 비싸다. 또한, 섬초(비금시금치)는 남해에서 해풍(海風)을 맞고 자란 품종으로 길이는 짧고 뿌리는 연보라색으로 은은하게 단맛이 난다.

아스파라거스(asparagus)

백색과 녹색의 두 종류가 있는데, 백색은 변질이 심해 바로 가공용으로 사용되고, 녹색은 영양가도 높고 변질속도가 늦어 생식으로도 많이 사용된다. 샐러드나 구이, 볶음 요리에 쓰이며, 아미노산으로 잘 알려진 아스파라긴은 이 식물에서 처음 발견하였기 때문에 붙여진 이름이다. 아스파라긴과 아스파르트산의 신진대사 촉진작용으로 피로회복 및 자양강장식품으로 알려져 있다.

셀러리(celery)

셀러리는 향기가 짙고, 연한 잎과 줄기를 식용하는데 서양요리에서 없어서는 안 될 중요한 재료이며, 특유의 방향성분과 비타민이 풍부하여 샐러드로 생식하거나 수프 등의 요리에 이용되고 있다.

쑥갓(crown daisy)

쑥갓은 향기가 부드럽고 상쾌하여 상추쌈에 곁들여 쌈재료로 이용하거나, 데쳐서 나물로 먹는다. 단백질과 비타민 A, C의 공급원으로서 향기를 즐길 수 있는 채소 중 하나이다. 익혀서 조리할 경우 너무 익지 않도록 주의한다.

미나리(water dropwort)

미나리는 논과 같은 습지에서 자라고, 독특한 풍미가 있어 식욕을 돋우어주고 장의 활동을 도와준다. 한방에서는 잎과 줄기를 수근(水芹)이라는 약재로 쓰는데, 고열로 가슴이 답답하고 심한 갈증에 효과가 있으며, 이뇨작용이 있어 부기를 빼주며, 해열, 황달, 대하증, 고혈압 등에 좋다. 강장 및 해독작용이 있어, 유독성분을 배출하는 효과를 나타내며, 철분과 엽산이 많아 빈혈예방에 좋다.

죽순(bamboo shoot)

죽순은 대나무의 땅속줄기 마디에서 나온 어린순으로, 독특한 질감과 아린 맛, 사각사각 씹히는 맛이 특징이다. 죽순은 삶을 때 나타나는 흰 가루 또는 점착된 물질을 나타내는데, 이것은 조리수에 용해된 티로신과 전분이므로 섭취해도 인체에 무해하나 미관상 좋지 않으므로 조리 시 제거하기도 한다. 우리나라보다는 일본요리나 중국요리에서 많이 사용되며, 주로 캔으로 상품화되어 사용되고 있다. 콜레스테롤을 저하시키는 효능이 있는 죽순은, 얄팍하게 썰어 쇠고기 또는 돼지고기 요리에

사용하면 혈중 콜레스테롤 농도를 떨어뜨릴 수 있다. 또한 섬유질이 많고 열량은 낮으며, 씹힘성이 좋아 다이어트식품으로 활용도가 높다. 이외에도 비만 및 고혈압 예방과 더불어 장기능을 향상시키고 유익한 균이 잘 자라게 하는 데 도움을 준다.

❖ 화채류

꽃을 식용으로 사용하는 채소류를 말한다.

브로콜리(broccoli)

브로콜리는 겨자과의 1년초로서 날것으로 먹거나 요리해서 먹으며, 짙은 녹색으로 영양가가 높고 맛이 좋다. 단백질, 무기질, 비타민이 풍부하여 항발암효과가 있는 것으로 알려져 있다.

콜리플라워(cauliflower)

지중해 연안이 원산지이며 양배추보다 연하고 소화가 잘 되므로 온대지방에서 중요한 채소로 쓰인다. 비타민 C의 공급원으로서 가니쉬나 샐러드로 이용되고 통조림으로 가공하기도 한다.

TIP

채소와 야채

우리는 흔히 채소라는 말보다 야채라는 단어를 더 많이 사용한다. 물론 채소나 야채나 같은 뜻이라고 할 수 있다. 하지만 야채라는 말은 일본어식 표현이다. 중국에서는 소채, 북한에서는 남채라고 하는데 우리는 채소라고 해야 옳은 것이다.

미국의 암예방협회에서는 암 예방에 관한 식품정보를 알리고 홍보하는데 그중 항암성이 가장 강한 것은 마늘로 규정하고 있으며, '하루에 5가지 과일과 채소를 섭취하자'라는 캠페인을 주도하여 식탁에 빨강, 주황, 노랑, 초록 및 검푸른색이 포함되는 식사를 하도록 권장하고 있다.

우리가 먹는 채소의 색깔은 크게 빨간색(토마토, 수박 등)과 주황색(당근 등), 초록색(오이, 시금치, 브로콜리, 양배추 등), 흰색(양파, 무, 콜리플라워 등), 검푸른색(가지 등)으로 분류할 수 있는데, 우리가 상식하는 채소의 대부분이 미국 암예방협회가 권장하는 5가지 색깔을 띠고 있다.

그러니 건강한 삶을 유지하려면 뭐니 뭐니 해도 채소를 많이 먹어야 한다는 것이다.

(4) 채소류의 가공품

❖ 김치류

김치

김치는 무 · 배추 및 오이 등의 채소
를 소금에 절여서 고추 · 마늘 · 파 · 생
강 · 젓갈 등의 양념으로 버무린 후 젖
산 생성에 의해 숙성되면 저온에서 발효
시킨, 한국의 가장 대표적인 식품이다.
김치의 채소는 수분 위주이고 영양가치
가 그다지 높지 않지만 첨가되는 양념에
고른 영양성분이 있으며, 특히 발효로 인한 젖산의 생성과 식이섬유로 인하여 정
장효과가 탁월하다. 2001년 7월 5일 식품분야의 국제표준인 국제식품규격위원회
(Codex)에서 한국의 김치가 일본의 기무치를 물리치고 국제식품규격으로 승인받
은 바 있다.

단무지

일본의 대표적인 절임류로서 에도시
대 승려인 다쿠앙(沢庵和尙)이라는 사람
이 고안해 냈다고 하여 '다쿠앙'이라고 한
다. 일본에서는 말린 무에 쌀겨와 소금을
섞어 절인 것으로서, 한국의 짠지와 비슷
한 저장식품이다. 초기에는 단지 저장성
을 높이려고 시작하였다가 차츰 맛과 향
과 색을 내는 단계로 발전하여 오늘에 이
르렀다.

❖ 채소통조림

죽순
아스파라거스
풋콩

❖ 토마토 가공품

통조림 • 홀토마토(whole tomato) – 토마토를 껍질만 제거한 상태

• 토마토 퓌레(puree) – 토마토의 껍질을 제거하고 으깬 상태

• 토마토 페이스트(paste) – 퓌레상태의 토마토를 밀가루와 조린 상태

가공품 • 토마토 케첩(ketchup) – 토마토 페이스트에 식초와 설탕으로 양념한
소스

• 토마토주스(juice) – 토마토 페이스트를 희석하여 가공한 상태

2. 과실류

(1) 과실류의 정의

❖ 과실이란

과수의 열매로서 과일이라고도 하며, 과육·과즙이 풍부하고 단맛이 많으며 향기가 좋다. 과육의 형성에 따라 일반적으로 장과류, 인과류, 핵과류, 견과류 등으로 분류한다. 과일은 일반적으로 수분이 90%에 달하며, 단백질과 지방은 미량 함유하고 있으나 일부 종류인 아보카도나 올리브 등은 지방의 함량이 20%에 이른다. 과실을 시원하게 해서 먹으면 상큼한 맛을 느낄 수 있지만, 따뜻하게 해서 먹으면 단맛은 증가하지만, 과실로서의 상쾌한 맛을 느낄 수 없다. 과실은 10℃ 정도에서 가장 좋은 맛을 내므로 저온저장 시 유의한다.

(2) 과실류의 특성

❖ 성분

가식부
수분 85~90%, 당분과 섬유질 10~12%로 고형분의 대부분을 차지

단맛
과당, 포도당, 자당

신맛
말산, 시트르산, 타르타르산 등의 유기산

빛깔

안토시아닌, 미숙과일 때는 엽록소

❖ 수확 및 저장

사과, 바나나

　수확 후 호흡이 급상승하므로 미숙과일 때 수확

CA 저장

- 수확 후 호흡작용으로 신선도 저하가 우려되므로 탄산가스를 이용하여 저장
- 인공적으로 가스 조성을 조절하여 청과물의 품질 보전효과를 높이는 저장 방법
- 사과나 채소 등의 저장에 사용

MA 저장

- 플라스틱 필름(PE필름)을 이용하여 포장 내 이산화탄소는 증가시키고 산소는 감소시키며, 내부 습도 또한 높아져 증산을 억제시켜 주는 방법
- 포도, 단감 등의 저장에 사용

당도(Brix)

- 물 100g에 대한 설탕 농도
- 과일이나 채소 속에 들어 있는 설탕의 함량을 나타내는 단위로 사용
- 명칭은 브릭스($\degree$Brix)라고 하며, 100g의 물 안에 녹아 있는 설탕의 양을 g수로 나타낸 것

계절에 따른 제철과일

계절	제철과일
봄	금귤, 오렌지, 딸기, 멜론, 오디, 체리
여름	복숭아, 참외, 수박, 포도, 용과
가을	감, 사과, 석류, 호두, 키위, 유자, 밤
겨울	감귤, 유자, 금귤, 오렌지

(3) 과실류의 종류

❖ 과실류의 분류

과실류를 분류하는 방법에는 여러 가지가 있으나, 과일의 형태에 따라 분류하면 다음과 같다.

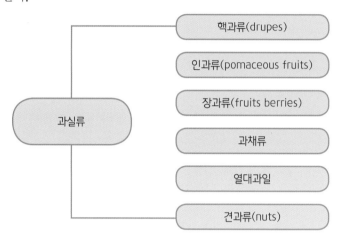

❖ 핵과류(drupes)

과실 중심이 핵을 이루고 그 속에 씨가 들어 있으며 그 주위가 과육을 이룬 것으로 복숭아, 매실 등이 이에 속한다.

복숭아(peach)

복숭아에는 비타민 A와 에스테르와 알코올류, 알데하이드류, 펙틴 등이 다량 함유되어 있으며, 특히 과육에는 아스파라긴산이 많다. 알칼리성 식품으로 면역력을 키워주고 식욕을 돋우어주고 날로 먹거나 통조림 · 병조림 · 주스 · 잼 등으로 가공하여 먹는다. 맛은 달고 약간 새콤하며, 과육이 흰 백도는 수분이 많고 부드러워 생과일로 사용하고, 과육이 노란 황도는 단단하기 때문에 생식보다는 통조림 등으로 가공하는 데 사용한다.

국소의 혈액순환을 좋게 해주고, 염증을 없애며, 어혈(멍)을 푸는 작용이 있다.

자두(plum)

생식(生食)할 뿐 아니라 잼·젤리의 원료, 통조림 등의 가공원료로 사용되는데, 이는 펙틴이 많기 때문이다. 펙틴이 많으면 가열 시 젤리처럼 굳어지는 상품으로 만들기가 용이하며, 과실주 등으로도 사용된다.

매실(Japanese apricot)

매실은 매화나무의 열매로서 수분이 약 85%이고 당질은 약 10%이며, 비타민·유기산이 풍부하고 칼슘·인·칼륨 등의 무기질과 카로틴도 들어 있다. 유기산 중 시트르산의 당질 대사로 인하여 피로회복에 좋고 체질개선 효과가 있다. 또한 매실은 산도가 높아 강력한 살균작용

을 하고, 해독작용도 뛰어나 식중독 등을 치료하는 데 도움이 되며, 신맛은 위액을 분비하고 소화기관을 정상화하여 소화불량과 위장 장애를 없애줌과 동시에 식욕도 돋워준다. 변비와 피부미용에도 좋고 최근에는 항암식품으로도 알려져 다양한 매실 가공상품이 인기를 끌고 있다. 절임, 엑기스, 차, 술 등으로 가공하거나 술을 담가 먹기도 하며 간장·식초·정과·차를 만들거나 장아찌를 담그기도 한다.

대추(jujube)

대추는 빨갛게 익으면 단맛이 있고, 과실을 생식하기도 하지만, 말려서 과자, 요리, 차 및 약용으로도 사용된다. 또한 대추술, 대추식초, 대추죽 등으로도 가공하여 활용되기도 한다. 한방에서는 이뇨·강장(强壯)·완화제(緩和劑)로 쓰이며, 건대추는 자양, 강장, 진해, 진통, 해독 등의 효능이 있어 기력부족, 전신통증, 불면증, 근육경련, 약물중독 등에 사용한다.

❖ 인과류(pomaceous fruits)

꽃턱이 발달하여 과육부(果肉部)를 형성한 것으로서 사과, 배 등이 이에 속한다.

사과(apple)

우리나라에서는 능금으로 시작하여 1900년대부터는 국광, 홍옥 등을, 최근에는 후지, 쓰가루 등을 주로 재배하고 있다. 사과의 주성분은 탄수화물이며 단백질과 지방이 비교적 적고 비타민 C와 무기질이 풍부하다. 섬유질이 많아서 정장작용으로 장을 깨끗하게 해주고, 배설을 촉진해 주며, 위액분비를 통해 소화흡수를 도와준다. 빈혈·두통에도 효과가 있고 콜레스테롤 수치를 강하시키는 작용이 있는 것으로 알려졌다. 사과는 생과로 섭취하거나 과즙음료, 술, 식초 등을 만드는 재료로 활용되기도 하고, 잼, 젤리, 셔벗(sherbet) 등으로 가공하여 먹기도 한다. 생과로 먹을 때 껍질을 벗겨두면 과육이 갈색으로 변하거나 신맛이 나는 사과는 약 1%의 소금물에 잠깐 담갔다가 먹으면, 갈변되지도 않고 신맛도 줄어든다.

배(pear)

배는 수분이 85~88%, 열량은 약 50kcal 정도의 알칼리성 식품으로서 주성분은 탄수화물이고 당분(과당 및 자당) 10~13%, 사과산·주석산·시트르산 등의 유기산, 비타민 B와 C, 섬유소·지방 등이 함유되어 있으며, 감기, 천식 등의 기관지 질환에 효과가 있고 배변 및 이뇨작용을 돕는 기능이 있다고 한다. 사과와 같이 생과로 먹거나 주스 또는 통조림 등의 가공품으로도 이용한다. 특히 연육작용을 하는 효소기능이 있어 육류 조리 시 고기를 연하게 재울 때 갈아서 넣기도 한다. 식용가치는 영양 면보다는 가을부터 초겨울의 과실로서 신선한 감미와 풍미가 있으므로 생과로 먹는 것이 더 좋다고 한다. 맛이 달고 냉하여 갈증에 좋으나 과식하면 소화불량이 올 수도 있으므로 주의한다.

감귤류(citrus fruit)

감귤류는 탱자나무속에 속하는 각각의 종 및 이들 속에서 접붙여 파생되어 나온 품종들의 총 칭으로, 과수로는 감귤속에 따른 귤을 주로 재 배하고 있다. 식용 및 가공용으로 많이 이용되 는 종류로는 온주밀감, 라임, 레몬, 만다린, 그 레이프프루츠 등이 있으며, 동맥경화, 고혈압

예방효과, 특히 과피에 발암억제 효과가 있다. 우리나라에서는 온주밀감이 제주 에서 많이 생산되었으나 최근에는 한라봉 등 단맛나는 식용감귤의 종류가 많아졌 으며, 과즙 이용 및 조리용으로는 유자, 영귤(citrus sudachi)이 생산되고 있다.

감귤류에 들어 있는 특유의 영양소 비타민 P(hesperidin 헤스페리딘)라는 물질 은 비타민 C의 흡수를 촉진할 뿐만 아니라, 모세혈관을 튼튼하게 해서 잇몸병을 예방하고 혈압을 낮추는 작용으로 뇌출혈 예방효과가 있다.

❖ 장과류(fruits berries)

꽃턱이 두꺼운 주머니 모양이고 육질이 부드러우며 즙이 많고 핵(核)이 없는 식용 소과실로서 포도 등이 이에 속한다.

포도(grapes)

포도는 당분으로서 포도당과 과당이 많이 들어 있고, 비타민 A, B, B_2, C, D 등과 무기질이 풍부해 서 신체의 대사를 활발하게 해준다.

알칼리성 식품으로서 근육과 뼈를 튼튼하게 하고 장의 활동을 촉진시켜 주며 이뇨작용 및 해 독작용도 있으며, 빈혈예방에 좋다. 항바이러스 및 항암효과도 있고, 신경효소의 기능으로 알츠 하이머병이나 파킨슨병 등의 퇴행성 질병의 예 방효과도 있다.

껍질째 생식하거나 껍질을 벗겨 내용물만 빼내어 먹기도 한다. 건포도, 병조림, 포도음료, 젤리, 포도주 등으로도 가공하여 이용한다.

무화과(fig)

무화과 열매로서 꽃 없이 열매를 맺었다고 하여 이름이 붙여졌으나, 실은 보이지 않게 잎의 겨드랑이에 아주 작게 많이 피어난다. 열매의 생김새는 보통 둥글거나 원뿔모양으로 녹색, 갈색, 검은색 등으로 다양하다. 단맛이 강하여 생과로 먹거나 건조 가공하여 요리 재료로도 사용한다.

주요 성분으로는 당분(포도당과 과당)이 약 10% 들어 있고, 유기산 및 섬유소와 항암효과가 있는 벤즈알데하이드, 특히 단백질 분해효소가 있어 고기와 같이 먹으면 좋다. 알칼리성 식품으로 고대 이집트와 로마에서는 강장제나 암, 간장병 등의 치료제로 사용했다고 한다.

생과로 먹거나 건조품으로도 먹고, 잼, 젤리, 술, 양갱, 주스, 식초 등으로 가공해 먹거나 각종 요리 재료로 사용되고 있다.

무화과나무 유액에 들어 있는 단백질 분해효소를 피신(ficin)이라 하며, 연육제로도 사용된다.

❖ 과채류의 과일

수박(watermelon)

수박은 아프리카 원산으로 고대 이집트 시대부터 재배되었으며, 우리나라는 조선 시대 이전에 들어왔을 것으로 추측하고 있다. 오늘날 일반재배보다는 비닐하우스 등에서 시설원예를 통한 연중재배가 다량으로 이루어져 사철 내내 수박을 먹을 수 있

다. 시트룰린(citrulline), 아르기닌(arginine) 등의 성분에 의한 이뇨작용으로 부종과 소갈(당뇨)에 효과가 있고, 해독 및 해열 작용이 뛰어나다고 한다.

참외(oriental melon)

참외의 원산지는 인도로서 그 야생종이 개량되어 기원전부터 재배되어 왔으며, 5세기경에 지금과 같은 품종이 생겨 났다고 한다. 이뇨 및 진해, 거담 작용이 있으며, 변비치료 및 황달에 효과가 있다고 한다. 참외는 멜론의 일종으로 멜론에는 다양한 종류가 있으며 지역적으로 전 세계에 분포되어 있다.

멜론(muskmelon)

중앙아시아 및 인도가 원산지로 알려져 있으며, 비타민 C의 급원으로서 열매가 둥근 모양이고 과육은 담녹색이다. 수박처럼 시원하게 보관하였다가 생식하며 아이스크림이나 주스 등의 가공에도 이용된다.

딸기(strawberries)

딸기과실은 둥근 공 모양이나, 달걀 모양 또는 마름모꼴의 삼각 타원형이 많으며, 대개는 붉은색이지만 드물게 흰색 품종도 있다. 현재 재배되는 종은 외국의 야생종과 수차례 교배시켜 얻은 것이라고 한다.

주로 비닐하우스에 터널을 만들어 재배하고 보통은 생식으로 쓰이지만, 너무 크거나 작은 것은 가공용으로 사용된다. 이뇨작용과 소염 및 진통효과가 있으며, 과일 중 비타민 C가 100g당 약 90mg%로 가장 많이 들어 있다.

❖ 견과류(nuts)

외피가 굳고 단단하며 식용부위는 곡류나 두류처럼 떡잎으로 된 것으로 밤·호두·잣 등이 이에 속한다.

밤(chestnut)

탄수화물·단백질·기타 지방·칼슘·비타민(A·B·C) 등의 영양분이 풍부하고, 특히 비타민 C가 많아 피부미용과 피로회복, 감기예방 등에 효능이 있으며, 성인병 예방과 신장 보호에도 효과가 있다고 한다. 생밤을 날로 먹거나 삶아서 먹고, 꿀이나 설탕에 조리거나, 각종 과자와 빵, 떡, 통조림 등의 재료로도 쓰이는데 제분하여 죽이나 이유식 등으로도 가공하여 먹는다. 원기회복, 위장보호, 자양식품으로 병후 회복기 환자나 유아에게 적합하다.

호두(walnut)

호두에는 불포화지방산과 단백질, 비타민 B_2, 비타민 B_1 등이 풍부하며, 뇌의 활동을 도와 기억력 증강, 신장 강화, 변비예방, 가래 등에 효험이 있고, 종자는 그대로 먹거나 제과용 부재료, 술안주, 요리에도 이용한다.

잣(pine nut)

잣의 성분은 지방유(脂肪油) 74%, 단백질 15%를 함유하며 자양강장의 효과가 있다. 갈거나 껍질을 벗긴 채로 각종 요리에 고명으로도 쓰이며, 환자 및 건강식으로 죽을 끓여 먹기도 한다. 두통, 변비, 토혈, 마른기침 등에 효과가 있으며, 자양강장, 노화방지 및 향기와 맛이 좋으므로 식용하거나 약용한다.

은행(ginkgo nut)

은행의 성분은 탄수화물 34.5%, 단백질 4.7%, 지방 1.7%, 미량의 카로틴, 비타민 C 등으로 되어 있고, 굽거나 볶아서 먹거나 여러 음식의 고명으로도 이용된다. 한방에서는 백과(白果)라 하여 진해·거담 등의 효능이 있어 해소, 천식, 잦은 소변 등에 처방하며 자양제(滋養劑)로도 처방한다. 폐를 보호하고, 기침예방, 빈뇨, 야뇨증 효과, 해독, 강장, 강정 등의 효능이 있으나 청산배당체(靑酸配糖體)가 함유되어 있으므로 다량 섭취 시 중독증상이 나타날 수 있으므로 섭취량에 주의가 요구된다.

❖ 열대과일

열대지방에서 주로 나는 과실이다. 과실은 보통 열대과일로 분류하지 않지만, 최근 열대과일의 수입과 국내 재배 및 수요가 많아졌으므로 몇 가지만 소개해 보겠다.

바나나(banana)

보통은 생식으로 이용하나 30cm 길이의 요리용 바나나(plantain banana)도 있는데, 그 지름이 7cm나 된다고 한다. 열매의 색깔은 보통 연노랑이지만 종류에 따라서는 귤색에 가까운 것도 있는데, 색깔에 따라 맛과 향에도 차이가 많다. 녹말이 당화되어 부드럽고 진한 감미를 띠며, 열량이 높다.

바나나, 망고 등이 절정의 맛에 도달했을 때 나타나는 검은색 반점을 슈거 스폿(sugar spot)이라고 한다.

파인애플(pineapple)

파인애플은 생과 및 통조림으로 사용되는데, 원산지는 중앙아메리카와 남아메리카 북부지방이지만, 말레이시아와 하와이에서 많이 생산되었었다. 과육의 속을 파내서 가열살균하여 통조림을 만들고 이때 생긴 과육조각을 착즙하여 주스 등을 만들고, 찌꺼기는 말려서 가축의 사료 등으로 사용한다. 파인애플에는 브로멜린(bromelin)이라는 단백질 분해효소가 함유되어 있어 조리 시 육류의 연육제로 사용되고 있다.

망고(mango)

망고의 원산지는 말레이반도, 미얀마, 인도 북부로서 세계에서 가장 많이 재배되는 열대과수로 알려져 있다. 비타민 A가 많으며, 과육을 생과로도 많이 먹는다. 제과, 샐러드의 드레싱, 소스 등의 가공재료로 이용한다. 산지나 촌에서는 미숙과를 볶거나 음식으로 조리하여 먹기도 한다. 씨가 크며 피부 접촉으로 알레르기가 유발되기도 한다.

아보카도(avocado)

성분이나 영양 면에서 산림의 버터라 부를 정도로 지질이 많고 영양가가 높으며, 달걀, 버터, 치즈를 섞은 것과 같은 맛을 낸다. 과육은 노란색을 띠며 독특한 향이 있다. 소스나 샐러드 등의 요리재료로 이용되며, 특히 초밥이나 도미, 광어 등의 흰살생선회와 같이 먹으면 훨씬 고소한 맛이 난다.

키위(kiwi fruit)

중국이 원산지이며, 비타민 C가 풍부하여 성인 1명이 하루에 필요한 양이 열매 1개에 충분히 들어 있다. 향기가 좋고 생과로 주로 먹으며, 잼과 아이스크림 등의 재료로도 이용한다. 뉴질랜드가 주산지이며, 최근에는 우리나라 남부 지방에서도 대량으로 재배하고 있다. 우리말로 '참다래'라고도 하며, 단백질 가수분해효소가 있어 과즙을 육류의 연육제로 많이 사용하고 있다.

(4) 과실류의 가공품

주스

- 천연과실, 농축과실, 분말주스, 과즙 함유 음료

건조과실

- 감, 포도, 무화과, 배, 사과, 바나나

통조림과 병조림

- 복숭아, 파인애플

젤리(jelly)

- 과실주스에 설탕을 넣어 농축, 응고시킨 것

마멀레이드(marmalade)

- 젤리 속에 과실의 과육이나 과피조각을 섞은 것

잼(jam)

- 과육에 설탕을 넣어 적당한 농도로 조린 것

미국 암예방협회에서 발표한 항암식품을 살펴보면 대부분이 채소 및 과실류이며, 가장 강력한 항암식품으로 마늘을 꼽는 것을 알 수 있다. 다음의 그림은 항암식품의 순위를 피라미드형으로 나타낸 것으로서, 아래에서 위로 올라갈수록 암예방 효과가 점점 커지는 것을 나타낸다.

중요도 증가방향

마늘
양배추
대두 생강
미나리 인삼 셀러리
양파 녹차
감귤류(오렌지, 레몬, 자몽)
밀(全麥) 현미
가지류(토마토, 가지, 피망)
평지과(브로콜리, 콜리플라워)
민트 오이 로즈메리 자소
감자 머스크멜론 파 밀(大麥)

Remind

1. 채소류의 종류와 각각의 특성을 설명해 보시오.

2. 과실류를 분류하고 각자 보유한 기능을 설명하시오.

3. 채소류와 과실류를 이용하여 만들 수 있는 새로운 가공품이나 요리를 소개해 보시오.

4. 채소류와 과실류가 가지고 있는 천연색소 성분을 조사해 보시오.

Introduction to
Food Science

유지식품

05

Chapter

1. 식품에 들어 있는 기름에 대하여 전반적으로 알아봅니다.
2. 기름의 종류가 다양하고 맛과 성질 또한 나름대로의 특성을 지니고 있음을 이해합니다.
3. 유지의 특성을 이용하여 가공한 제품들의 다양성을 살펴보며, 이러한 것들의 성질을
   잘 이용하여 조리 시 적용해 보도록 합니다.

Chapter 05 유지식품

1. 유지식품의 정의

❖ 유지식품이란?

유지식품은 식물의 종자나 동물의 조직에 축적되어 있는 성분으로서 탄수화물, 단백질과 함께 생체조직의 구성과 성장에 필요한 에너지를 공급하는 중요한 영양소이며, 식품의 조직감과 향미에 큰 영향을 미치고, 식품 중에서 향미, 색소, 비타민 등의 용매역할 등으로 그 기능이 매우 중요하다.

유지는 크게 fat과 oil로 나뉘는데 상온에서 고체인 것은 지방(fat)이라 하여 주로 동물에서 얻어지고, 반면에 액체인 것은 유(oil)라고 하여 식물에서 얻게 된다.

2. 식물성 유지

❖ 식물유(油): 식용유

식물유의 종류 및 특성

종류	특성
참기름(sesame oil)	고소한 맛을 내기 때문에 조리 시 조미료로써 가장 많이 사용되며, 토코페롤(tocopherol)과 세사몰(sesamol) 등과 같은 항산화제를 함유하고 있다.
들기름(perilla oil)	들깨를 압착 또는 추출하여 정제한 것으로서 독특한 방향으로 참기름 대용으로 사용된다.
콩기름(大豆油, soybean oil)	황대두의 종자로부터 채유하여 정제한 유지로서, 튀김 및 샐러드, 기타 조리용으로 광범위하게 이용되고 있으며, 수소를 첨가하여 마가린이나 쇼트닝 등으로 가공된다.
옥수수기름(corn oil)	옥수수의 배아(유지함량 33~40%)에서 압착하여 채유한 유지로서 담황색이나 황금색으로 독특한 좋은 맛이 있다. 반건성유에 속한다.
쌀겨 기름(rice bran oil)	쌀겨에서 추출하여 튀김요리나 쇼트닝 등의 원료에 이용하며 미강유라고도 한다.
유채유(rape seed oil)	채종유라고도 하며, 유채의 종실에서 추출하고, 튀김, 조미 및 경화시켜 마가린의 원료로 이용되기도 한다.
땅콩기름(落花生油, peanut oil)	불건성유로서 낙화생유라고도 한다.
면실유(cotton seed oil)	면실을 채취하고 남은 종실을 가열, 압착하여 채유한 것으로서 유독물질인 고시폴(gossypol)을 함유하고 있어 정제 시 제거해야 하고, 식용유, 마가린, 쇼트닝, 마요네즈의 원료로 이용된다.
해바라기유(sunflower oil)	샐러드 또는 경화시켜 쇼트닝, 마가린의 원료로 사용한다.
올리브유(olive oil)	불건성유로서 튀김유 또는 샐러드유, 의약, 화장품으로도 이용되고 있다. 올리브유 중에서 엑스트라 버진(extra virgin)은 산도 0.8% 미만으로 최상급의 올리브를 처음 짜낸 것으로 올리브의 향과 색을 그대로 간직한 순수한 기름이다. 샐러드 드레싱이나 빵을 찍어 먹는 등 주로 열을 가하지 않는 요리에 사용한다.

❖ 식물지(脂)

식물의 열매에 함유되어 있는 지방질로 상온에서 고체이며, 대부분 포화지방산이다.

종류 및 특성

야자유(coconut oil)	열대지방의 야자수를 건조한 과육, 과피, 야자핵을 압착하여 착유한 것으로 제과용으로 사용되고 있다. 코코넛 오일로도 불리며 비누를 만드는 데도 사용된다.
팜유(palm oil)	산화 안정성이 있으며, 담백한 풍미, 저렴한 가격으로 라면 튀김용, 마가린, 쇼트닝, 제과용 유지로 쓰이고 있다. 라면, 과자, 인스턴트 커피의 프림 등에도 이용된다.
카카오지(cacao butter)	코코아나무의 열매를 쪼갠 씨를 발효, 건조시켜 압착한 것이다. 카카오 버터라고도 하며 체온보다 낮은 온도에서 녹는다. 주로 초콜릿(화이트, 밀크, 다크) 제작에 많이 쓰인다. 부드러운 촉감과 향기가 좋아 화장품, 비누 등의 재료로도 활용된다.

3. 동물성 유지

❖ 해산 동물유

종류 및 특성

종류	특성
생선기름 (魚油, fish oil)	어류를 쪄서 짜낸 기름으로 명태, 대구, 꽁치, 정어리, 고등어 등에서 채유한다. 내장에서 채유한 것은 간유구의 원료로 사용되며, 어유 중에 있는 필수지방산(EPA, DHA)은 성인병 예방에 도움을 준다.
고래기름 (鯨油, whale oil)	고래기름은 고래의 지육, 내장 및 뼈 등에서 추출하며, 고도의 불포화 지방산도 많이 있어 악취와 독성이 있다. 고래의 기름으로는 공업용 윤활제, 비누, 화장품 등을 제조해 왔으나, 현재는 규제에 의해 고래를 잡을 수도, 고래기름을 사용할 수도 없다. 다만, 자연사한 경우에만 고기와 기름이 일부 사용되고 있다.

❖ 동물성 지(脂)

종류 및 특성

종류	특성
쇠기름 (牛脂, beef tallow)	소의 지방조직으로부터 추출하여 얻은 것으로서, 정제하여 마가린, 쇼트닝 등의 원료나 공업용으로는 비누 및 양초 제조에 사용된다.
돼지기름 (豚脂, lard)	돼지기름은 색과 풍미가 좋아 중화요리에 많이 쓰이며, 크림성이 다소 약하여 제과용으로 사용할 경우 쇼트닝이나 마가린과 혼합하여 쓴다.

4. 가공유지

가공유지의 가공방법은 액체 유지의 고체화를 위하여 수소를 첨가, 니켈과 백금을 촉매제로 사용하고 고체형태 완성 후 촉매제는 제거한다. 대표적인 식물성 가공유지로는 마가린이, 동물성으로는 쇼트닝이 있다.

❖ 샐러드유와 분말유지

샐러드유

원료유에서 여러 가지 유해성분을 정제한 식용 유지를 다시 정제하여 겨울에도 응고되지 않도록 침전물질을 제거한 기름으로서, 샐러드 드레싱에 사용해도 좋을 정도의 식용유를 말한다. 전에는 올리브유를 원료로 사용하였으나 최근에는 콩기름, 유채기름(채종유), 옥수수기름 등을 많이 사용한다.

분말유지

고체의 유지에 단백질, 탄수화물, 유화제 등을 첨가하고 물을 넣고 유화시킨 뒤 분무건조기로 건조시켜 급랭 고체화하여 분말화한 것을 말한다. 건조식품 원료와 손쉽게 혼합되어 취급하기 편리하기 때문에 밀가루, 설탕, 분유와 섞어 케이크 믹스 및 분말 수프, 즉석 카레 등을 만드는 데 사용된다.

트랜스지방이란?

불포화지방산인 식물성 기름을 가공할 때 발생하기 쉬운 산패현상을 억제하기 위해 수소를 첨가하게 되는데, 이 과정에서 생겨난 지방산이 바로 트랜스지방산이다. 트랜스지방산 제품은 위에서 예를 들었던 마가린이나 쇼트닝 등이 대표적이다.

지방산에는 동물성 기름(지방)인 포화지방산과 식물성 기름인 불포화지방산이 있는데, 포화지방산은 심장병이나 비만 같은 혈관질환의 주요 원인이 되는 반면, 불포화지방산은 혈관 건강에 유익한 것으로 알려져 왔다. 그런데 최근 연구 결과에 의하면, 식물성 기름으로 만든 트랜스지방산도 혈관성 질환에 좋지 않은 영향을 미치는 것으로 보고되었다.

다시 말하면 트랜스지방산이란 액체상태의 식물성 기름을 가공하는 과정에서 수소와 결합해 만들어진 지방산이라 할 수 있는데, 이 트랜스지방산을 많이 섭취하면, 포화지방산과 마찬가지로 체중이 늘어나 비만해지고, 인체에 해로운 저밀도지단백질(LDL)이 많아져 심장병·동맥경화증 등의 관상동맥질환이 생기기 쉬워진다. 또한 각종 암의 생성 및 당뇨병의 발병과도 연계되어 있는 것으로 밝혀지는 등 트랜스지방산의 유해성을 경고하는 연구결과들이 잇따라 발표되고 있다.

식품 가운데는 마가린, 쇼트닝 등을 이용하여 만든 튀김요리나 도넛, 크래커, 전자레인지용 팝콘, 수프 및 각종 유제품과 어육제품 중 일부에도 다량 함유되어 있는 것으로 밝혀졌다. 이러한 중대한 심각성으로 인하여 세계 각국에서는 이 트랜스지방에 대한 사용규제를 강화하고 있다. 덴마크는 2004년 1월부터 트랜스지방이 2% 이상 함량된 가공식품의 유통과 판매를 금지했으며 미국 뉴욕시는 2008년 7월부터 트랜스지방이 많은 튀김기름을 쓰지 못하도록 하였다. 그러나 전면 금지한 것이 아니라 최소한의 사용량을 나름대로 규정해 놓았는데, 그래도 안전한지의 판단은 소비자 각자의 몫으로 돌아갔다.

Remind

1. 식물성 유지의 종류와 특성을 쓰시오.

2. 트랜스지방에 대하여 간단히 쓰고, 사용 필요성에 대한 본인의 의견을 간단히 설명해 보시오.

Introduction to Food Science

식육류

06

Chapter

1. 우리가 흔히 고기라고 부르는 먹거리들에 대하여 알아봅니다.
2. 육류의 특성을 잘 이해하고 구조 및 성분을 잘 숙지하도록 합니다.
3. 식육 및 식육 가공품을 이용한 요리를 어떻게 만들지 생각해 봅니다.

Chapter 06 식육류

1. 식육류의 특성

❖ 정의

식육(meat)이란 식품으로 이용될 수 있는 동물의 조직, 즉 골격근을 말하지만, 넓은 의미로는 지방조직, 내장 등 식용이 가능한 모든 부위를 말한다. 우리나라에서는 쇠고기, 돼지고기, 닭고기 등이 널리 이용되고 있으며, 그 밖에 양, 염소, 토끼, 개 등의 고기도 이용하고 있지만, 개고기는 아직 공식적으로 허가받지 못한 무허가 식품이다. 한우(韓牛)는 한국소이고, 국내산 소고기는 외국의 소가 국내에 들어와 6개월 이상 사육된 후에 도살된 것을 말하며, 외국에서 도축된 후 수입되는 소고기와 구별된다. 젖소 중에 암컷은 주로 우유 생산용이며, 수컷은 고기용으로 사육하여 육우로 시중에 유통되며 일반 소고기보다 저렴하게 유통되고 있다.

❖ 특성

사후경직 및 숙성

동물이 죽으면 사후경직이 일어나 고기가 굳어 경직상태에 있다가 시간이 흐르면 육질이 연해지고 맛도 좋아진다. 이런 상태로 변하는 것을 육류의 숙성이라고 한다.

고기가 숙성되면 고기의 근육단백질이 분해되고 아미노산이 생겨, 고기가 연해지고 맛이 좋아진다. 핵단백 분해산물과 아미노산이 가지고 있는 지미(旨味; 맛있는 맛)성분으로 고소한 맛을 내게 되고 글리코겐도 분해되어 젖산을 형성하게 되기 때문이다. 또한 고기가 숙성됨에 따라 공기 중의 산소가 고기로 스며들어 고기의 붉은색 성분인 미오글로빈(myoglobin)이 옥시미오글로빈(oxymyoglobin)으로 변하게 하여 색이 차차 선홍색으로 변하게 된다. 잘 숙성된 고기를 가열하여 익혔을 때, 육즙의 윤기가 흐르는 먹음직스러운 갈색이 된다. 이렇게 잘 숙성된 고기가 질 좋은 고기로 분류되는데 육류의 숙성시간은 고기의 종류 및 크기, 각각의 특성에 따라 차이가 있다.

부위별 조리특성

육질이 연한 부위의 고기는 결합조직의 함량이 적고 맛도 덜하다. 오히려 약간 질긴 부분이 결합조직에 의해 씹히는 식감과 맛성분이 더 많이 들어 있다. 운동량이 많은 다리 부위와 목덜미, 배의 고기가 다른 부위보다 맛이 더 좋다. 일반적으로 돼지고기는 쇠고기보다 결합조직이 적으므로 더 연하다. 따라서 육질이 질긴 부위는 은은한 불에서 장시간 조리하거나, 연육제를 사용하여 부드럽게 만든 뒤 조리하며, 육질이 연한 부위는 강한 불로 단시간에 익혀 조리하도록 한다.

식육류는 조직 및 성분에 따라 맛과 질감이 다르기 때문에, 조리하는 경우 이러한 점들에 유념해야 한다. 또한 유능한 조리사가 되기 위해서는 질긴 고기를 부드럽게 연육시키는 방법, 사료에 따른 육질특성 등을 잘 알아야 하며, 경험이 많이 쌓이면 맛있는 고기를 감별해 낼 수 있는 능력과 안목도 생긴다.

우리나라에서 가장 많이 이용되는 것은 미국산과 호주산이며, 미국 농무부 USDA의 표준은 마블링, 질감, 단단한 정도 등을 고려하여 총 8등급으로 분류되고 있으나, 현재 한국에 수입되는 것은 대부분 프라임과 초이스 급이다.

다음은 지방의 교잡도(마블링)에 따른 등급분류와 요리에 사용되는 예를 나타낸 표이다.

등급명	마블링 상태	요리 사용
프라임(Prime)	최상의 등급(마블링) 함량 10~13%	최상급 스테이크 요리
초이스(Choice)	차상위 등급 지방함량 4~10%	상급 스테이크 요리
셀렉트(Select)	상위 등급 지방함량 2~4%	일반급 양념소고기 요리
스탠더드(Standard)	지방함량이 적고 맛이 떨어짐	양념과 연육을 통한 요리

2. 식육류의 구조 및 성분

❖ 식육의 조직

조직	특성
근육조직	근육의 수축과 이완작용을 하는 근섬유로 구성(골격근, 평활근, 심근)
결체조직	몸 전체에 분포되어 각종 기관을 연결시켜 주는 역할을 함
지방조직	지방함량이 많은 세포들이 모여 있는 곳, 상강육(marbling)
신경조직	동물체의 신경을 전달해 주는 전달망

❖ 식육의 성분

수분	60~80%
단백질	주성분으로서 고형분의 70~80% 차지
지방질	피하, 내장, 근육 등 들어 있는 부위에 따라 성상이 상이
육즙(extractives)	이노신산, 크레아틴, 크레아티닌, 글루탐산 등의 물질
미오글로빈(myoglobin)	고기 품질의 척도가 되는 적색 색소

3. 식육류의 생산 및 품질

❖ 식육을 부드럽게 하는 방법

방법	특성
전기충격	전기충격으로 대사속도가 빨라져 근섬유의 분해가 쉬워진다.
식육분쇄	결체조직이 파괴되어 부드러워진다.
연육제	파파야의 파파인(papain), 파인애플의 브로멜린(bromelin), 무화과의 피신(ficin) 등을 조리 전에 고기 표면에 뿌리면 결체조직과 근섬유 단백질을 분해하여 부드러워진다.

❖ 사료의 영향에 따른 육질 특성

사료의 종류	육질 특성
풀만 먹인 소	가장 질기고 맛이 없다.
사료만 먹인 소	공급한 사료에 따라 조성이 변화된다.
곡류만 먹인 소	육류의 질에 가장 중요, 육질이 부드럽다.

❖ 육류 감별법

육류	감별방법
쇠고기	• 색이 빨갛고 윤이 나며 얇게 썰었을 때 손으로 찢기 쉬운 것 • 충분한 수분이 함유된 것 • 고기의 빛깔이 너무 빨간 것은 오래되었거나 노동을 많이 한 고기이므로 질김 • 손가락으로 눌러보았을 때 탄력성이 있으면 신선함 • 지방이 가는 선으로 얼룩진 것 • 결체조직이 적은 것
돼지고기	• 기름지고 윤기가 있으며 살이 두껍고 살코기의 색이 엷은 것 • 수컷은 암컷에 비해 섬유가 거칠고 질김 • 냄새가 신선한 것 • 색이 너무 빨갛지 않은 것

4. 식육류의 조리

❖ 쇠고기(beef)의 부위별 특징과 용도

부위	특징	용도
안심(tenderloin)	지방이 거의 없고, 육질이 가장 연한 부분	고급 스테이크, 로스구이
등심(loin)	살코기에 지방이 분포(marbling)	스테이크, 불고기, 전골
채끝(strip loin)	등심보다 약간 쫄깃함	불고기, 전골, 로스
목심(chuck)	등심 다음으로 마블링이 좋은 부위	불고기, 전골, 로스
앞다리(blade)	섬유가 섞여서 질김	찌개, 분쇄육
우둔(rump)	지방이 적고 붉은 살코기	육포, 회, 장조림
설도(round)	육질이 연하고 맛이 좋음	불고기, 장조림
양지(flank)	양지머리, 차돌박이, 쫄깃함	로스구이
사태(shank)	앞사태, 뒷사태에 섬유가 있어 질김	찌개, 분쇄육
갈비(rib)	지방이 있어 부드러움	구이, 찜, 탕

THE BUTCHER'S GUIDE
PRODUCTS

육포　　육회　　장조림

산적　　갈비탕　　LA갈비

❖ 돼지고기(pork)의 부위별 특징과 용도

돼지고기 중 특히 수퇘지에서 특유의 냄새가 나는데 이를 웅취(雄臭)라고 한다. 돼지의 대장에서 미생물에 의해 사료가 발효되면서 발생한 스케톨(skatole)과 정소에서 생산되는 호르몬 안드로겐(androgen)이 지방에 축적되어 있기 때문이며 가열 시 이들 물질이 휘발되면서 특유의 누린내가 난다. 웅취의 감소를 위해 돼지의 90%를 거세하였으나, 최근에는 백신의 예방접종을 통해 효과를 보고 있다.

부위	특징	용도
안심	약간의 지방과 근막 형성. 부드럽고 연함	탕수육, 구이, 로스
등심	두터운 지방층과 단일근육. 고운 결	폭찹, 스테이크, 돈가스
목심	지방이 근육막 사이에 적당량 함유	구이, 불고기
앞다리	어깨부위의 넓은 피막	불고기, 찌개, 수육
뒷다리	볼기부위로 살이 두껍고 지방이 적음	튀김, 불고기, 장조림
삼겹살	갈비를 떼어낸 부분에서 복부까지	구이, 베이컨
갈비	옆구리부터 늑골부위까지	바비큐, 불갈비, 갈비찜

THE BUTCHER'S GUIDE
PRODUCTS

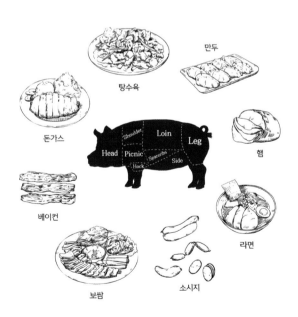

❖ 양고기의 부위별 특징과 용도

양은 양모와 고기를 이용하기 위해 용도에 따라 사육하며, 어린 양의 고기는 새끼양고기(lamb)라 하여 구별한다. 양고기의 일반적인 특성을 살펴보자.

항목	특성
색상	쇠고기보다 엷고 돼지고기보다 진하다.
육질	섬유는 가늘고 조직이 부드럽고 고기가 연하다.
특징	소화가 잘되고 맛이 좋다.
용도	전골, 로스구이, 샤부샤부
명칭	1년 이상 사육한 것 : mutton / 1년 이하 사육한 것 : lamb

THE BUTCHER'S GUIDE
LAMB CUTS

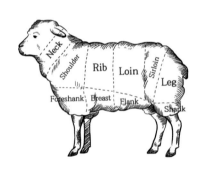

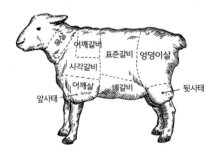

❖ 가금류

가금류는 야생 조류를 인간생활에 유용하게 사용할 수 있도록 길들여 종을 개량하여 육성시킨 것으로서, 그 알이나 고기 등의 부수적인 생산물을 이용한다. 그 종류에는 꿩, 닭, 기러기, 오리, 비둘기, 칠면조 등 나라별로 다양하다. 주요 가금류의 특성을 보면 다음과 같다.

닭(chicken)

부위	특징	용도
안심	가슴살로서 지방이 적어 담백	조림, 튀김
날개	살이 많고 부드러움	튀김, 구이
다리	탄력 있고 육질 견고	튀김, 조림, 찜, 구이

THE BUTCHER'S GUIDE
MEAT CUTS

오리(duck)

오리는 닭고기에 비해 육질이 질기고, 비린 내가 나며 뼈와 살에 기름기가 많아 닭고기보다는 수요가 적지만 탕, 볶음, 구이 등에서 다양한 방법으로 조리에 응용되고 있다. 최근에 오리를 이용한 다양한 조리법을 개발하여 전문화된 식당이 늘고 있다.

칠면조(turkey)

칠면조는 가금류 중에서 콜레스테롤이 가장 낮으며 고단백, 저지방으로 칼로리 함량이 가장 낮은 건강식품으로 서양요리에서 축제용 요리로 많이 사용된다.

하지만 지방이 적어 닭이나 오리보다 맛은 훨씬 떨어진다.

5. 식육류의 가공품

가공된 육류는 기계 또는 화학 및 효소적인 처리에 의해 맛과 외형 등을 변화시켜 보존성 및 맛을 향상시키는 데 그 목적이 있다.

❖ 염지 육제품

햄(ham)

베이컨(bacon)

소시지(sausage)

❖ 훈제품(smoked product)

원래 훈제는 고기의 보존을 위하여 고안된 것이었으나, 현재는 미각적 효과와 기호성을 만족시켜 주고 있다. 예전에는 자연적인 연기로 훈제를 하였으나 오늘날에는 나무연기로부터 추출한 액체 훈제방식을 사용해서 공기오염을 줄이고 있다.

❖ 가열

육가공에서 가열의 목적은 단백질의 응고와 수분 제거를 통한 보존기간의 연장에 있다.

가열에는 건식 또는 습식 방법이 있다.

TIP

[참고도서 소개] 음식혁명

세계에서 가장 큰 아이스크림 회사를 창립하여 오랫동안 경영해 오던 베스킨라빈스31(Baskin Robbins 31)의 창시자 어브 라빈스의 아들인 존 라빈스가 육식과 채식에 관한 정보와 자신의 의견을 피력한 책이다. 그의 아버지와 삼촌은 전 세계에 아이스크림 제국을 건설하면서 종종 아침까지도 아이스크림을 먹으면서 생활하다가, 비만으로 인한 중증 당뇨병과 고혈압 등으로 고생하였고, 결국 그의 삼촌은 심장마비로 세상을 떠났다. 그것을 본 존 라빈스는 아이스크림 회사 인수를 포기하고 자연과 더불어 살면서 "육식, 건강을 망치고 세상을 망친다"는 책으로 세상에 알려졌고, 이 책에서는 우리의 음식이 되기도 하지만 우리의 친구도 될 수 있는 동물들을 잔인하게 키우는 모습과 대량사육으로 인한 환경파괴 등을 고발하고 있다. 대량사육을 위해 돼지와 소, 닭들이 얼마나 잔인하게 사육되고 도살되어 취급되는지를 이 책에 상세하게 소개하고 있다. 채식주의자인 그가 꿈꾸는 미래는 과연 어떤 것인지 조리를 배우는 학생이면 반드시 읽어보았으면 하는 책이다.

저자 존 라빈스 | 역자 안의정 | 출판사 시공사

Remind

1. 소고기의 부위별 조리특성

2. 돼지고기의 부위별 조리특성

3. 닭고기를 이용한 요리의 조리법을 소개해 보시오.

4. 한우의 품종에 대하여 조사해 보시오.

Introduction to Food Science

수산식품

07

Chapter

1. 물에서 사는 생물 중 인간이 먹는 중요한 식품자원에 대해 알아봅니다.
2. 육류와는 다른 성분과 특성이 있음을 이해합니다.
3. 특히 해조류 및 해조류의 가공품들은 현재 주목받는 식품으로서 가치가 높은 것임을 인지합니다.

Chapter 07 수산식품

1. 수산식품의 정의

❖ 수산식품이란

어패류, 해조류 및 이들의 가공품을 말
하며, 삼면이 바다로 둘러싸인 우리나라
는 이러한 수산식품으로부터 동물성 단
백질, 지질, 비타민, 무기질 등을 공급받
아왔다. 수산식품은 가공처리의 유무 또
는 그 정도에 따라 어패류, 해조류 그리
고 가공식품 등으로 나눌 수 있다. 냉동

품, 건제품, 염장품, 연제품, 훈제품, 통조림 등과 같은 가공품들은 주로 식
품재료의 저장성을 높이려는 데 그 목적이 있었으나 제조하는 과정에서 맛과
향미를 증진시켜 상품성까지 높이게 되었다. 또한 젓갈 등의 제품은 원래 의
도와 상관없이 그저 방치되었던 것들이 맛의 향상을 가져온다는 것을 발견하
면서부터 더욱 발전하게 되었다. 최근 동물성 식품의 육류보다는 수산식품을
선호하는 경향이 많아져 어패류 등의 수산조리식품의 수요가 날로 증가하는
추세이다.

2. 수산식품의 특성

(1) 수산식품의 분류

수산식품은 어패류, 해조류, 가공품으로 나눌 수 있으며, 어패류는 해수어, 담수어, 갑각류, 연체동물, 극피동물 등으로 분류할 수 있다.

분류	종류
척추동물	• 해수어 : 다랑어류, 가자미류, 고등어류, 도미류, 가오리류, 꽁치, 넙치, 멸치, 농어, 명태, 방어, 연어, 복어, 숭어, 상어 • 담수어 : 잉어, 붕어, 메기, 쏘가리, 뱀장어, 미꾸라지
절족동물 (갑각류)	• 새우류 : 보리새우, 대하 • 게　류 : 왕게, 닭게, 털게, 꽃게 • 바닷가재
연체동물	• 조개류 : 바지락, 피조개, 꼬막, 홍합, 굴, 전복, 가리비, 모시조개 • 복족류 : 전복, 소라 • 두족류 : 문어, 낙지, 꼴뚜기, 오징어
극피동물	해삼, 성게, 멍게

(2) 어류의 구조

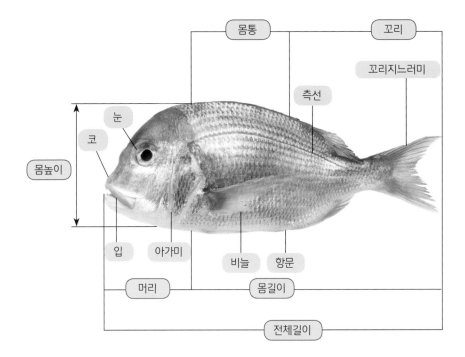

어류의 체형은 보통 유선형이지만, 그 생김새가 매우 다양하여 가늘고 길거나, 짧고 통통한 경우도 있다. 바닥에서 생활하는 것은 매우 넓적하고, 어떤 어류는 광어처럼 한쪽만 얼굴형상이 있기도 하다. 지느러미가 있는 것과 없는 것, 모양도 정교하게 확장되거나 축소된 기능이 있는 반면, 단순한 움직임만을 보이기도 한다. 입이나 눈, 호흡기관, 아가미 등의 위치도 매우 다양하다.

많은 어류는 자신들이 생활하는 환경에 잘 어울리는 색깔과 모양을 하고 있고, 경우에 따라 자신의 몸을 숨기기도 하며, 적을 위협하기 위해 두드러지게 나타내기도 한다. 스스로 빛을 내는 발광어류도 있으며, 보호를 위해 몸의 색깔을 주변의 색에 맞춰 변화시킴으로써 위장(camouflage)하기도 한다.

어류의 크기는 성체의 길이가 10㎜ 이하에서 20m가 넘는 것까지 있으며, 체중도 1.5g에서 4,000kg 이상인 것까지 있어 그 크기가 다양함을 알 수 있다.

(3) 어패류의 성분

어패류의 성분과 영양가는 포유류와 비슷하지만 계절과 산란기에 따라 지방분이 차이가 나고, 부위나 계절, 사료, 어획장소, 연령 등에 따라서도 변한다. 일반성분을 분석해 보면 어패류의 평균 수분함량은 70~85%, 단백질 15~20%, 지질 0.5~25%, 무기질 1.5~2.0% 정도이다.

❖ **어패류의 일반성분**

(단위 : %)

어종	수분	단백질	지질	당질	무기질
어류	69~79	16~21	1~11	0.04~2.26	1.0~1.8
조개류	75~85	9~19	0.4~1.4	0.6~2.2	1.6~2.6
두족류	79~84	12~17	0.1~4	0.1~0.3	1.4~1.8
갑각류	75~81	14~21	0.4~2.6	0~0.6	0.9~4.1

3. 어패류의 조리 및 가공

어패류도 식육류와 같이 사후경직이 일어나지만 체내에 당류가 적어 경직기간이 짧다. 식육은 질기기 때문에 사후경직 후 숙성을 해야 하지만 어육은 연하므로 숙성 전의 경직기간에 조직감이 더 좋다.

❖ 사후경직

어패류의 사후에 근세포에 산소공급이 중단되고 글리코겐은 해당 작용에 의해 분해되어 젖산이 축적된다.

사후 pH도 7.0에서 6.0 전후로 내려가며 어류의 대부분은 경직 중에 가장 맛이 좋다.

❖ 자기소화

자기소화도 육류보다 빠르게 진행되고 시간의 경과와 함께 어체는 연화되어 부패로 진행된다. 따라서 어류는 사후경직이 끝나지 않은 상태에서 생식이나 가공하는 것이 좋다.

❖ 부패

어패류가 세균에 의해 부패되면 조직이 연해지고 악취와 함께 암모니아, TMA(트리메틸아민), DMA(디메틸아민) 등의 휘발성 염기질소량이 증가한다.

생선의 비린내 제거방법

생선요리는 생선에서 나는 불쾌취인 비린내를 제거하고 생선 고유의 감칠맛을 느끼도록 하는 것이 매우 중요하다. 다음의 표는 물로 씻고 이물질을 제거하는 것에서부터 각종 식재료를 첨가하여 맛과 냄새를 모두 잡는 법을 몇 가지 소개한 것이다.

제거방법	원리
물로 씻기	트리메틸아민류가 물에 용해되어 비린내 감소
식초, 레몬즙 등의 산을 첨가	비린내를 내는 성분이 중화되어 냄새 약화
술이나 미림을 첨가	비린내를 내는 성분이 중화 또는 기화되어 냄새 감소
우유에 침지	우유에 있는 카세인의 흡착력에 의해 비린내 제거
향신료의 사용 (파, 마늘, 겨자, 고추, 후추 등)	향미가 냄새를 덮거나 섞여서 마스킹효과
된장이나 고추장	특유의 풍미와 강한 흡착성으로 비린내 감소효과

◈ 선도의 판정

생선요리는 선도가 좋은 것을 고르는 것에서부터 시작된다. 일단 얼핏 보아도 탄력과 윤기가 흐르며 비늘이 떨어지지 않고, 배가 꺼져 있지 않아야 한다. 그러한 선도의 판정을 위해 외관, 피부, 머리와 아가미 등을 자세히 살펴보도록 한다.

부위	상태별 판정
외 관	탄력성이 있고 윤기가 흐르지만 시간의 경과에 따라 탄력성이 감소된다.
피 부	신선한 생선은 피부에 광택이 있고 비늘이 단단하게 붙어 있으나, 선도가 떨어지면 광택이 없어지고, 점액물질이 생성되며 악취가 난다.
머 리	눈은 투명하고 아가미는 선명한 적색이 좋다. 선도가 떨어질수록 눈은 흐려지고, 아가미는 갈색으로 변하며 악취가 난다.

저온저장

어패류는 수분함량이 많고 결합조직이 적으므로 살이 연하고 부패하기 쉬우므로 냉동 또는 냉장 저장한다.

냉동저장

조직손상 및 해동 시의 드립(drip) 양을 줄이려면 $-25℃$ 이하로 급속 냉동하는 것이 바람직하다. 어패류를 장기간 동결 저장하면 육질의 선도가 저하된다.

(1) 어패류의 조리

❖ 어패류의 종류와 특성

인류가 섭취하는 어종은 다양하지만, 나라마다 상식하는 종류에는 다소 차이가 있다. 다음은 우리가 먹는 주요 어종의 특성과 용도를 나타낸 것이다.

어종	특성	용도
다랑어류	몸체가 크고 부위별 맛의 차이가 크다. 등살은 수분함량이 적고 단백질이 많으며, 혈합육은 비타민 A, B_1, B_2, 철분 및 DHA 함유	회, 구이, 통조림
가다랑어	방추형, 옆구리에 줄무늬 가을에 지방이 많아서 제철	회, 통조림, 가다랑어포
고등어	가을 고등어는 지방함량이 15% 전후로 영양이 가장 높은 시기, 가장 맛이 좋은 시기 내장의 히스티딘이 알레르기 유발	회, 건어물, 염장, 통조림, 구이, 조림
도미류	색과 맛이 우수한 흰살생선 참돔은 봄이 제철이지만, 양식이 보편화되면서 제철은 의미가 없어짐	회, 구이, 찜, 조림
넙치류	몸이 긴 타원형으로 좌광 우도 넙치(광어)는 왼쪽에 눈이 있고 가자미나 도다리는 몸의 오른쪽에 눈이 있음	회, 건어물
갈치	표면의 은색가루 주성분인 구아닌(guanine)은 소화가 잘 안 되고, 영양적 가치는 없으나 모조진주의 원료로 사용됨	회, 구이, 튀김, 조림
대구	지질이 적고 담백하며 겨울에 제맛 염건품으로 저장성 및 맛 향상	탕, 건제품, 구이, 찜, 전, 알젓
연어	가을에 산란 시 모천으로 회귀, 고지방	구이, 훈제
복어	풍부한 맛과 영양, 독성 주의(가열 분해 불가) 테트로도톡신(tetrodotoxin)이라는 독소 함유	탕, 회, 구이, 튀김
조기	회색을 띤 황금색으로 작은 것은 조기로 큰 것은 고유의 염건품인 굴비로 이용	구이, 조림, 젓갈

명태	명태	산란기 중에 잡은 것	볶음, 찜, 구이, 탕 전 크기와 가공별로 다양하게 이용
	생태	얼리지 않은 것	
	동태	겨울철에 잡아 얼린 것	
	북어	말려서 수분이 말끔히 빠진 것	
	황태	얼리고 말리는 과정을 반복해 가공한 것	
	코다리	반쯤 말린 것	
	노가리	명태의 새끼	
	명란젓	명태의 알을 사용하여 만든 젓갈	
	창란젓	명태의 내장을 사용하여 만든 젓갈	
오징어, 문어	연체동물로 조리에 다양하게 이용 타우린-피로회복, 고혈압, 당뇨예방, 피부미용, 신경강화 효능 등		회, 찌개, 튀김, 볶음, 건어포
새우	엑기스와 타우린 성분, 키틴질 크기에 따라 27cm 전후 대하, 15cm 중하, 6cm 전후 소하로 구분		구이, 찜, 찌개, 튀김, 볶음, 새우장
게	게의 암컷은 배 쪽의 아랫부분이 넓은 종 모양이 고, 수컷은 좁은 종 모양		찜, 탕, 게장

(2) 어패류의 가공품

어패류는 바로 요리에 사용되기도 하지만, 장기간 보관하기 위해 냉동이나 건도, 염장 등을 하여 사용해 왔는데, 가공을 통해 맛도 개선되어 가공품도 많이 이용되고 있다. 다음은 그러한 가공품에 대한 것을 표로 나타낸 것이다.

가공법	특성	종류
냉동품	어패류를 동결하여 보존성을 높인 것	어패류 냉동, 가공냉동, 조리냉동
건제품	자연 또는 인공 건조	소건, 염건, 자건, 탈수건조, 동결건조
연제품	고기풀을 성형한 후 익힌 것	어육소시지, 어육햄, 어육단자
염장품	수분활성 낮추고, 소금의 방부효과	염장어류, 어란
젓갈류	내장 및 알을 염장 숙성, 발효	새우, 창란, 조개, 굴, 멸치, 성게
통조림	보존성을 위해 익혀서 통조림	꽁치, 새우, 오징어, 소라, 굴

4. 해조류(seaweeds)

(1) 주요 해조류의 종류 및 특성

해조류는 거센 해류에 견딜 수 있도록 조직이 질기며 그 성분들은 복합다당류로서 이들 성분이 안정제나 기능성 식품으로 널리 이용되고 있다.

유형	종류 및 특성	용도
녹조류	• 단백질 함량 높음 • 갈파래, 파래, 매생이	무침, 초회
갈조류	• 미역 : 요오드 함량 높음 • 다시마 : 지미성분 글루탐산소다 • 톳 : 해안지방의 구황식품	생미역, 물미역 맛국물, 조림 초무침
홍조류	• 김 : 자연채취 및 인공양식 • 우뭇가사리 : 한천성분 추출 사용	마른김, 맛김 식품첨가물

(2) 해조류의 가공품

해조류는 본래의 질감을 이용하기 위해 성형 또는 건조시켜 상품성을 높였고, 유용한 성분을 추출하여 첨가물로 이용하기도 한다. 다음은 해조류의 가공품에 대하여 표로 나타낸 것이다.

품명	가공 및 특성
김(laver)	세절-교반-건조, 마른김은 건조 후 밀봉 보관
한천(agar)	우뭇가사리에서 추출, 1.0~1.5% 농도, 황산 첨가, 제과에 사용
카라기난 (carrageenan)	• 식품의 점착성 및 점도를 증가시키고 유화안정성을 증진하며 식품의 물성 및 촉감을 향상시키기 위한 식품첨가물 • 돌가사리, 진두발(홍조식물 돌가사리과의 바닷말)에서 가열 추출한 무색, 무취의 황색분말로 유제품의 안정제, 탄력제, 보강제로 사용

TIP

일본 수산시장 참치 경매 및 손질과정

경매

경매품

잘게 썰기

잘게 썰기

자투리상품

중간급상품

고급상품

일반상품

식품과 요리

생선토막을 보통은 요리라고 하지 않고 식품 또는 식재료라고 한다. 하지만 생선의 살을 칼로 도려내어 얇게 저며 썰어 놓으면 '생선회'라는 요리가 된다. 칼로 잘랐지만 생선토막의 물리적 또는 화학적 성질은 변하지 않았다. 다만 모양만 바뀌었을 뿐인데 명칭이 달라진다.

양상추 포기를 보고 식품이라고 하지만 뜯어서 찢어 그릇에 담아 놓으면 샐러드요리가 된다.

하지만 닭을 잡아 손질하여 생육을 그릇에 담아 놓은 것을 요리하고 하지는 않는다.

이처럼 생선류나 채소류는 열을 가하지 아니하고 그 형태의 변화만으로도 요리라고 불릴 수 있지만, 육류는 그렇지 아니하다고 말할 수도 있을 것이다. 하지만 쇠고기나 말고기의 육회는 어찌 설명할 것인가?

결론적으로 말하면 식품은 요리의 재료이고, 요리는 가열 및 가미 여부에 상관없이 바로 먹을 수 있도록 만든 것이라고 할 수 있다.

Remind

1. 생선을 이용하여 할 수 있는 요리 중 가장 훌륭하다고 생각하는 것과 그 이유를 설명하시오.

2. 수산물 가공품의 종류와 특성을 설명하시오.

3. 참치의 종류와 부위별 특성을 조사해 보시오.

Introduction to Food Science

유제품 및 난류

08

Chapter

1. 우유에 대하여 알아보고, 그 가공품들을 살펴봅니다.
2. 달걀을 포함한 난류의 종류와 특성에 대하여 공부합니다.
3. 이제껏 아무 생각 없이 먹었던 친숙한 것들에 대하여 이제부터는 올바른 지식을 가지고, 각 상품의 가치를 판단할 수 있어야겠습니다.

Chapter 08 유제품 및 난류

1. 우유 및 유제품

우유는 포유동물의 영양공급원으로서 필요한 영양소를 완전에 가깝게 갖춘 식품이다.

또한 우유는 식품의 물성을 개선해 주는 기능적 특성을 지니고 있어 각종 식품의 첨가제로써도 다양하게 사용된다.

우유에는 수분, 단백질, 지질, 탄수화물, 무기질, 비타민, 효소 등이 많이 함유되어 있고, 착유 및 이동 시 세균의 오염이 있어 시유로 사용하기 전에 반드시 살균의 과정을 거친다. 우유 그대로 마시거나 치즈나 버터 등 여러 가지 가공품으로 만들어 이용하기도 한다.

(1) 우유의 성분과 특성

❖ 우유의 성분

▶ 각종 동물 젖의 일반성분

구분	수분	지방	단백질	유당	무기질	전고형분
사람	87.79	3.80	1.20	7.00	0.21	12.21
젖소	88.12	3.44	3.11	4.61	0.71	11.87
양	80.60	8.28	5.44	4.78	0.90	19.40
돼지	80.63	7.60	6.15	4.70	0.92	19.37
말	89.86	1.59	2.00	6.14	0.41	10.14
개	74.55	10.20	3.15	11.30	0.80	25.45

❖ 우유의 특성

우유의 단백질은 카세인과 유청단백질로 구분되는데, 이 중 카세인 단백질은 78.5%로 우유 단백질의 주성분이라 할 수 있다.

(2) 변질과 보존

❖ 변 질

착유 시부터 이물질에 오염될 수 있으며, 변질되면 신맛이 나고 가스가 발생하며, 단백질이 분해되어 응고되고 부패취가 발생하게 된다.

❖ 보 존

미생물 오염의 철저한 방지

오염된 미생물의 여과, 살균

- 반드시 냉장고에서 저온저장
- 발효시켜 사용하면 저장성 증진 및 요구르트로 맛이 변화

(3) 우유의 살균

❖ 우유의 살균법

살균법	살균방법	비고
저온살균	62~65℃에서 30분 가열	청결한 우유
고온살균	72℃에서 15초 살균	
초고온순간살균	130℃에서 2~3초 가열	대량처리

우유는 살균 후 7℃ 이하로 가급적 신속하게 온도를 낮춘다.

멸균(滅菌)우유

- 우유 내에 있는 모든 미생물과 포자(胞子)를 완전히 살균한 우유로서 유통기한은 8~9주 정도

살균(殺菌)우유

- 살균을 하지만 135℃에서 약 2~5초 정도만 살균처리한 것으로서 유통기한은 5~10일 정도

❖ 우유의 보관

- 빛을 차단하는 용기 사용
- 탈지분유는 방습포장
- 밀봉하여 냉장 보관

(4) 유제품

❖ 우유(milk)

종류	제품	특성
시유	음용할 수 있도록 처리 시판	원유를 살균 포장판매
환원우유	분유를 우유처럼 조제한 것	커피우유, 바나나우유 등
저지방우유	2% 미만의 유지방 함량	저칼로리, 다이어트
강화우유	비타민과 무기질 첨가	비타민 D 첨가
커피우유	우유에 커피 및 감미료 첨가	전지분유 사용
과실우유	탈지유에 과즙 또는 향료 첨가	안정제 및 색소 첨가

❖ 발효유제품

요구르트	유산균의 발효로 다른 균의 생장 억제, 저장성과 맛의 증진
시초	유목민들이 양피자루에 우유 보관 중 젖산균이 번식
이용	향미개선, 냉장, 살균처리
기능	장내 미생물인 비피더스균을 늘려 정장작용

❖ 크림(cream)

우유의 지방이 엉겨서 위로 떠오른 유지층을 원심분리기로 분리하여 얻은 것으로 지방함량이 높아 지방률 18~25%는 커피 및 요리용, 30% 이상은 아이스크림, 버터 제조용, 35~40%는 과자 제조용 원료가 된다.

라이트크림(light cream)

- 지방함량 36% 이하

헤비크림(heavy cream)

- 지방함량 36% 이상

❖ 아이스크림

우유지방으로 된 크림을 동결시킨 것

성분

- 지방 12%, 무지고형분 10%, 감미료 14% 첨가.
  조직감을 위해 안정제와 유화제 첨가

종류

- 풍미를 다양하게 하기 위하여 견과류, 과실류 등을 첨가 또는 변형

❖ 연유(condensed milk)

우유 그대로 혹은 약 16%의 설탕을 가하여 농축한 것으로 당의 첨가 여부에 따라 분류된다.

무당연유

- 살균처리되었지만 개봉하면 우유처럼 보존성이 약하다. 개봉하지 않으면 변질되지 않지만, 개봉하면 지방이 분리·응고되거나 가스발효 등이 일어날 수도 있다.
- 우유를 농축한 것으로 당분은 첨가되지 않는다.

가당연유

- 고농도의 설탕에 의해 방부성이 있으나, 제조공정 중 끓이기 때문에 미생물이나 효소가 파괴되어 있다. 그래도 개봉 후에는 갈변현상이 발생할 수 있으므로 냉장고에 보관한다.
- 우유를 농축한 후 약 40%의 설탕을 첨가해서 전체 당분이 약 53% 정도 되도록 만든 것

❖ 분유(dried milk)

우유를 농축 건조하여 분말상태로 바꾼 것으로서 가공상태에 따라 다음과 같이 분류된다.

전지분유(whole milk powder)

- 우유를 그대로 건조시켜 분말로 만들어 첨가물을 넣지 않은 것
- 우유의 지방 함유량을 규격에 맞게 조제한 뒤 농축, 탈수시킨 것으로 제과, 제빵, 아이스크림의 원료로 사용
- 물을 부으면 다시 우유로 환원되는 환원유로 쓰이며, 고소한 맛을 낸다.

탈지분유(powdered skim milk)

- 우유에서 지방을 분리, 제거하여 건조시켜 분말로 만든 것
- 1년 이상 장기간 보존 가능하며 제과, 제빵, 아이스크림 원료로 사용
- 물을 부으면 다시 우유로 환원되는 환원유로 쓰이며, 전지분유보다 고단백 저칼로리

가당분유(sweetened milk powder)

- 우유에 설탕을 첨가한 후 분말로 만든 것, 또는 전분유에 설탕을 첨가한 것
- 유고형분(乳固形分) 70.0% 이상, 유지방분은 18.0% 이상, 당분 25.0% 이하로 규정
- 원유에 당류(설탕, 과당, 포도당)를 첨가하여 분말화한 것이 분유

혼합분유

- 원유나 분유 등에 곡분, 곡류가공품, 코코아 등의 재료를 혼합하여 만든 것
- 아이스크림, 발효유 등의 원료

❖ 버터(butter)

우유에서 분리한 크림의 지방을 교반하여 만든 것으로 가공방법에 따라 다음과 같이 분류된다.

가염버터와 무염버터

- 식염 첨가 여부에 따라

발효버터와 비발효버터

- 원료의 발효 유무에 따라

휩트(whipped) 버터

- 제조 후 버터에 공기를 불어넣은 것

분말버터

- 분무 건조하여 버터를 분말화한 것

❖ 치즈

우유에 레닌 등의 효소를 이용하여 응고시킨 것을 가열, 가압 처리하여 숙성시킨 것 치즈는 경도 또는 수분함량에 따라 분류하는데, 51% 이하를 특별경질, 49~56%를 경질, 54~63%를 반경질, 61~69%를 반연질, 67% 이상을 연질(軟質)이라고 하며, 편 의상 50%를 기준으로 연질치즈와 경질치즈로 구분하기도 한다.

연질치즈(soft cheese)

- 수분함량 50~70% 정도의 부드러운 치즈
- 모차렐라, 카망베르, 리코타, 퐁레베크, 브리 치즈 등

경질치즈

- 수분함량 50% 미만(30~50%)의 치즈로 처음에는 지우개처럼 쫀득하지만 시간 이 지날수록 딱딱해지는 종류의 치즈
- 숙성 체다, 에멘탈, 에담, 고다 치즈 등

가공치즈

- 제조 원료 및 제조법이 일반 치즈와 다른 것(프로세스, 스모크)

2. 난류

식용 난류에는 새의 알류가 가장 많이 이용되고 있으며, 새의 알류에는 달걀, 메추리알, 오리알, 칠면조알 등이 있으나, 달걀이 가장 많이 식용되고 있다.

(1) 구조와 특성

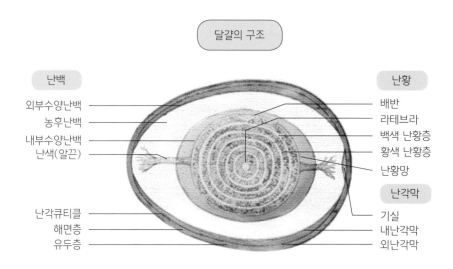

달걀의 구조

난백	난황
외부수양난백	배반
농후난백	라테브라
내부수양난백	백색 난황층
난색(알끈)	황색 난황층
	난황망
	난각막
난각큐티클	기실
해면층	내난각막
유두층	외난각막

❖ 달걀의 부위별 성분

(단위 : %)

성분	전란	난황	난백
수분	74.0	79.4	87.8
단백질	12.8	16.3	10.8
지방	11.5	31.9	0
탄수화물	0.7	0.7	0.8
회분	1.0	1.7	0.6

❖ **달걀의 저장**

냉장온도 : −1.5~0℃

습도 : 85~90% 유지

통풍이 용이한 장소

(2) 달걀의 조리

달걀의 성질	원 리	응 용
응고성	단백질의 변성(난백 65℃, 난황 70℃)	달걀찜이나 커스터드 제조 시 희석시켜 사용
기포성	난백 교반 시 막의 변성을 막을 기포 생성	기포에 의한 팽창효과를 베이커리에서 이용(머랭)
유화성	난황의 레시틴(lecithin)	마요네즈
변색	달걀을 오래 삶으면 황화철 생성	삶은 후 바로 냉수로 냉각시킴으로써 방지

(3) 달걀의 가공품

❖ 건조란

신선한 알의 껍질을 제거하고 살균한 다음 pH 5.5 정도로 조절하여 건조시킨 것

❖ 마요네즈(mayonnaise)

난황의 유화력을 이용한 대표적인 가공품으로 소스로 활용된다.

제조 : 식물성 식용유 60%, 난황 15%, 식초, 향신료, 조미료 등을 첨가하여 유화
시킴

❖ 피단(pidan)

알칼리를 침투시켜 내용물을 응고 숙성시킨 것으로 원래는 오리알을 사용하였으
나 현재는 거의 달걀을 사용한다. 알칼리가 침투하면 난백은 황색, 갈색, 암갈색 등
으로 변하고 난황은 백색, 녹색, 흑색 등으로 변하며, 이 과정에서 단백질과 지방질
이 분해되어 독특한 풍미를 생성한다.

제조법	석회 20, 나무재 30, 탄산소다 5, 소금 4, 물 40의 비율로 만든 혼합액에 달걀을 담가 알칼리화하여 응고시킨 뒤 표면에 진흙을 발라 밀폐시켜 수개월간 숙성시킨다.
맛과 특성	단백질과 지방질이 분해되어 암모니아와 황화수소 등에 의해 특이한 풍미를 내고, 색은 암자색 또는 암녹색을 나타낸다.

(4) 기타

❖ 오리알

- 달걀보다 약간 크고 지방질이 달걀보다 많다.
- 달걀에는 아르기닌과 라이신(lysine)이 많으나 오리알에는 히스티딘이 다소 많다.

❖ 메추리알

- 메추리알의 난황에는 레시틴의 화합물이 달걀보다 많다.
- 삶거나 조려서 조리에 이용한다.

❖ 타조알

- 동물의 알 중에서 가장 크며 큰 것은 무게가 2kg에 달하지만, 체중에 비해서는 작은 편이다.
- 구성은 가금류의 알과 유사하며 껍질에는 복잡하고 여러 갈래로 나누어진 기공이 있고 공예품으로 활용된다.

우유에 관하여 못 다한 이야기

우리는 어릴 때부터 우유는 완전식품이라 배웠고, 또한 매스컴에서는 좋은 식품으로 선전하였으며, 학교에서 급식에 필수적으로 넣어 마시게 하였기 때문에 우유를 어머니의 젖보다 더 친숙하게 여기고 있다. 물론 영양소가 풍부하고 훌륭한 식품이라 할 수 있지만 최근 외국의 학자들은 이러한 우유의 맹신에 대하여 회의적인 연구결과를 내놓고 있다.

그들의 이론 중 하나는 우유는 소의 젖으로 송아지가 먹고 자라는 데 적합한 성분들이 들어 있다는 것이다. 즉 50kg의 송아지가 먹고 1년 새에 수백 킬로그램이 되게 하기 위한 영양소가 우유라는 말이다. 하지만 소는 사람의 뇌에 비해 뇌기능이 상당히 떨어진다. 그리고 소의 수명은 길어야 30년인 데 반해 사람은 거의 100년 가까이 살 수 있다. 정리해서 말하자면 사람이 우유를 먹고 자라면 몸은 빨리 성장하지만 뇌는 그 속도를 따라가지 못하고, 소의 수명 사이클대로 빠르게 성숙하지만 더욱 빠르게 노화할 수 있다는 것이다.

또한 우유에 칼슘이 많이 함유되어 있지만 우유에 들어 있는 단백질과 나트륨으로 인해 우리의 몸은 전보다 칼슘을 더 많이 잃게 되고, 우유로 인하여 골다공증이 심해질 수 있으며, 우유의 콜레스테롤이 심장병을 유발시킬 수도 있다는 연구보고가 계속되고 있다.

한 가지 더 보태자면 어린아이들은 우유를 소화시킬 수 있는 유당분해효소가 있지만 성인이 되면서 없어진다는 사실을 우리 모두 알고 있다. 그것이 우유를 많이 마시면 다시 생겨난다고 하지만 미국 국립보건원(NIH)의 홈페이지에 가면 유당 소화효소는 다시 생기지 않는 것으로 나와 있고, 호주의 영양학회장을 포함한 수많은 세계적 학자들도 이구동성으로 주장하고 있다고 한다. 따라서 우유는 송아지가 먹고, 사람은 사람의 젖을 먹어야 한다는 것인데, 이제껏 잘 먹고 별 탈 없이 살아왔으니 계속 마셔도 상관없겠지만 그래도 한 번쯤은 생각해 봐야 할 문제가 아닌가 한다.

Remind

1. 우유를 이용한 요리를 예로 들어보시오.

2. 커피맛우유와 바나나맛우유를 사먹고 그 종이팩에 적혀 있는 성분을 적어보거나, 오려서 붙여보시오.(딸기, 초콜릿우유도 가능)

Introduction to
Food Science

조미
향신료

09

1. 조미료의 개념을 파악하고 이해합니다.
2. 향신료의 종류와 기능을 공부합니다.
3. 조미료와 향신료를 조리에 적절히 응용할 수 있도록 그 특성을 잘 파악해 보도록 합니다.

Chapter 09 조미 향신료

1. 조미료

　식품의 품질은 영양소뿐만 아니라 맛과 향이 중요하다. 식품에 어울리는 적당한 향신료나 조미료의 사용이 음식물의 가치를 크게 높여줄 수 있는 것이다. 조미료의 종류는 다양하지만 그 구성성분이 단일화합물이면 단순조미료, 여러 가지 성분이 혼합되어 있는 경우에는 복합조미료로 구분지을 수 있다.

　조미료란 음식의 맛을 좀 더 좋게 하기 위하여 조리 시에 사용하는 일종의 요리용 첨가제로서 소량 사용 시 상당한 효과를 볼 수 있으나 과용하면 오히려 음식의 맛을 저하시킬 수도 있으므로 사용에 주의해야 한다.

(1) 감미료(sweetener)

❖ 감미료의 특성

단맛은 예로부터 부의 상징이며 오래 전부터 꿀 등을 사용해 왔다.

오늘날에는 사탕수수나 사탕무로부터 추출하여 만든 설탕(정제당)이 널리 이용되고 있지만 전분을 분해하여 얻은 맥아당, 포도당 및 포도당을 이성화시킨 이성화당도 이용되고 있으며, 당분 없이 단맛만 느낄 수 있는 천연 감미료인 자일리톨 같은 것도 있다.

설탕의 성질 : 설탕의 녹는점은 160℃, 용해도는 0℃에서 72.3%, 100℃에서 83%이며, 190~200℃에서 흑갈색의 캐러멜(caramel)이 된다.

천연 감미료(natural sweetener)

천연 감미료는 식품에 감미를 부여할 목적으로 첨가되는 식품첨가물 중 화학적 합성품 이외의 것을 말하며, 식품의 잎, 종자 등으로부터 추출한 단맛이 있는 첨가물로서 식품, 의약품, 음료 등에 이용되고 있다. 다음은 천연 감미료의 종류를 나타낸 것이다.

천연 감미료	원재료
스테비아(Stevia) 설탕 300배	국화과의 스테비아 잎으로부터 추출한 스테비오사이드
감초엑기스	감초의 뿌리, 근경으로부터 추출
토마틴(thaumatin) 설탕 2,500~3,000배	열대우림에서 자란 열대 아프리카산 과실 종자로부터 추출
자일리톨(xylitol)	충치의 원인이 되는 산을 형성하지 않는 천연소재의 감미료. 자작나무, 떡갈나무 등의 수목에서 채취
꿀(honey)	꽃의 밀선에서 빨아내 축적한 감미료 미네랄과 비타민 다량 함유. 피로회복과 노화방지에 효능

인공 감미료(artificial sweetener)

인공 감미료는 설탕 대신 단맛을 내는 데 쓰이는 화학적 합성품으로 그 종류는 다음과 같다.

인공 감미료	특성
사카린(saccharin) 설탕 300~400배	열량이 낮고 우리 몸에 잘 흡수되지 않아 다이어트 식품. 당뇨병 환자의 식단에 사용
수크랄로스(sucralose) 설탕 600배	무열량 감미료로 건과류, 껌, 음료류, 가공유발효유 설탕 보충대체, 영양 보충용 식품 등에 사용
아스파탐(aspartame) 설탕 200배	저칼로리 음식과 청량음료, 막걸리 등의 음료에 사용
네오탐(neotame) 설탕 8,000배	무칼로리로 식품 및 음료의 감미료로 소량씩 사용

❖ 정제당(설탕)의 종류

정제당은 불순물을 제거한 사탕수수의 즙으로부터 당밀분을 분리해 내고 남은 원료당을 정제한 것인데, 원료당을 원심분리기로 걸러 얻어낸 결정을 말한다. 정제당은 제품형태에 따라 크게 당밀을 함유하는 함밀당과 당밀을 분리시킨 분밀당이 있으며, 일반적으로 사용되는 대부분의 것은 분밀당이다. 정제당은 정제한 정도와 결정의 크기에 따라 비교적 입자가 큰 백쌍과 입자가 작은 차당으로 나뉘는데, 백쌍에는 백설탕, 그래뉴당 등이 있으며 차당에는 상백당(上白糖)·중백당(中白糖)·삼온당(三溫糖) 등이 있다.

종류	특성 및 용도
정제당(가루설탕)	당액 또는 원당을 정제 가공한 백색의 결정 또는 결정성 분말입자가 고운 백설탕으로 가정용, 제과용, 제빵용으로 사용
각당(각설탕)	정백당을 1.5cm 크기의 육면체로 만든 것으로 차 종류에 따라 사용
분당(커피설탕)	입자 내부에 캐러멜을 첨가해 다갈색을 띠며 커피 전용으로 사용
빙당	설탕을 얼음으로 동결시킨 것으로 채색이 가능
삼온당	단맛을 가진 황갈색의 결정 또는 결정성 분말황설탕이라고도 하며 약과, 약식, 캐러멜 색소의 원료로 사용
상백당	입자가 가장 큰 백설탕, 데커레이션, 사탕의 표면 코팅에 사용
그래뉴당	순도 및 청결도가 높아 음료, 제과용으로 사용. 콜라당이라고도 함
중백당	입자가 중상백당 정도로 특수 빵, 쿠키에 사용

(2) 산미료(acidulants)

산미료란 식품에 신맛을 부여하고 상큼한 느낌을 주는 조미료로서, 식욕증진과 더불어 요리에 산뜻한 맛과 향을 부여한다. 천연과즙을 감귤류(citrus) 등에서 착즙하여 사용하는 경우와, 양조 또는 합성시켜 제조된 인공초를 사용하는 경우가 있다.

❖ 기능

- 식품이나 요리에 산미(신맛)를 띠게 함
- 비린내를 중화 내지 마스킹하여 청량감을 증가시킴
- 음식의 감미나 풍미를 개량시켜 향미를 증진
- 미생물의 억제, 산패 방지
- 생선의 조직을 응고시킴

❖ 식초

- 공업적으로 정제한 산미료
- 새콤하고 산뜻한 맛을 내는 대표적인 산미료
- 시트르산(citric acid) 등을 양조하여 얻어지는 유기산을 정제하여 결정화한 것

양조초

- 사용하는 원료에 따라 쌀초, 사과초 등

합성초

- 아세트산을 희석한 것

❖ 천연산미료

- 식초산에 비해 분자량이 크므로 분자 증발력이 약하고 특유의 방향이 있어 풍미를 더해준다.
- 비타민 C가 많아 철분의 흡수를 도와주며, 세균의 번식을 방지하는 효과가 있다.
- 천연산미료에는 매실, 레몬 등의 감귤류, 포도, 감, 무화과 등이 있다.

(3) 염미료

염미료란 식품에 짠맛을 부여하는 기능을 가진 조미료로서, 요리의 맛을 내는 데 아주 중요한 역할을 한다. 짠맛을 통해 간이 되지 않으면 식품을 조리해도 제맛을 낼 수 없기 때문이다.

❖ 기능

- 음식의 간 조절
- 식품의 물리적 성질을 개선 (단백질의 응고 등)
- 단맛이나 신맛과 만나면 단맛을 강화시킴 (수박이나 신맛의 사과를 소금에 찍어 먹으면 단맛이 느껴짐)

❖ 소금

- 식품의 조리와 방부력을 지닌 보존료
- 무기질의 공급원
- 어류의 염장, 채소의 절임 등에 이용
- 식욕증진 및 체내에서의 혈액 삼투압 조절 유지기능
- 세포의 활동에 필요한 나트륨 공급

(4) 지미료

조미료 중에서 감칠맛을 내는 것을 지미료라 하며 대표적인 것이 글루탐산나트륨과 핵산조미료이다.

❖ 글루탐산나트륨(MSG, monosodium glutamate)

- 다시마의 열수 추출물에서 분리된 지미성분
- 향미증진제로서 가공식품에 널리 사용

❖ 핵산조미료

가쓰오부시의 지미성분인 이노신산의 히스티딘 염기 지미성분을 내는 것이 핵산성분인 리보뉴클레오티드(ribonucleotide)에서 발견됨. 이것을 MSG와 병용하면 맛의 상승효과가 있다.

2. 향신료

향신료란 좋은 향기를 내는 방향성이거나 자극적인 물질을 가진 식물 등을 식품이나 음식의 향미를 증진시키는 데 사용하는 것을 말한다. 주로 뿌리나 줄기, 껍질, 꽃봉오리, 열매, 씨, 잎 등을 가공하거나 혼합하여 사용하며, 자극적인 식물 생산품으로는 계피, 생강, 후추 등이 있다. 요리할 때 소량 사용하면 영양가는 거의 없지만, 잡취를 제거하면서 식욕을 돋우고 음식에 풍취를 더해주며 맛을 향상시킨다.

❖ 우리나라의 향신료

우리나라는 전통적으로 겨자, 고추, 생강 등을 향신료로 사용하였으나 외국요리나 식품이 유입되면서 후추, 월계수, 마늘, 고추 등의 독특한 맛과 향을 지닌 향신료를 많이 사용하게 되었다.

각 나라의 요리에 따라 사용되는 향신료의 종류와 맛이 다양하며, 향신료로 인하여 국가별 요리의 특색을 느낄 수 있다.

(1) 향신료의 성분

향기성분	테르펜(terpene)류, 알코올(alcohol)류, 알데하이드(aldehyde)류, 케톤 (ketone)류 등이 주류
매운맛 성분	• 겨자유, 알릴설파이드, 케톤류, 페놀류, 유기염류, 알칼로이드 • 차비신(chavicin, 후추), 산쇼올(sanshool, 산초)과 같은 산아미드류 • 캡사이신(capsaicin, 고추), 진저롤(gingerol, 생강) 등의 구아야콜 (guaiacol) 유도체

이들 유효성분의 대부분은 식물체 내에서는 다른 성분과 결합되어 안정한 상태로 있다가 분쇄되거나, 수확 후에는 자가효소에 의해 분해되어 유효성분이 분리되어 자극성이 강한 맛을 나타낸다. 음식의 맛을 상승시키는 효과와 음식의 잡취를 제거하거나 마스킹해서 나쁜 냄새나 불쾌한 맛을 가려주기도 한다. 또한 향신료 자체의 성분으로 항균효과의 기능도 가지고 있다.

또한 향신료는 한 가지만 사용했을 때보다 여러 가지를 섞어서 사용하면, 요리의 맛과 향기 증진의 시너지효과가 나타난다. 이러한 것들을 잘 조합하여 사용하는 것이 미래 조리사의 능력을 판가름하게 될 것이다.

(2) 향신료의 기능

인류의 역사가 이어지면서 향신료는 약제로 사용되기 시작하였고, 후에 화장품 제조 등에도 사용되었다. 또한 약리적인 효과로 인하여 조리재료로써 높이 평가받고 있다.

눈에 보이는 기능으로는 식품의 나쁜 냄새를 없애주거나 감싸주는 역할을 한다. 또한 착색작용으로 식욕을 자극하기도 하며, 살균과 방부효과가 있어 음식이 쉽게 변하지 않도록 한다. 때로는 병을 치료하기 위한 약제로 쓰이기도 한다.

조리하는 데 필요한 향신료의 기능은 다음 표와 같다.

기능	향신료	내용
마스킹 (masking)	마늘, 생강, 월계수	고기 냄새, 비린내 제거
방향성	올스파이스(allspice), 계피, 너트맥(nutmeg)	향기 증진
식욕 자극	고추, 후추, 겨자	매운맛과 향으로 식욕을 증진시킴
착색성	• 황색 : 강황(turmeric) • 적색 : 붉은 후추(red pepper) • 황적색 : 파프리카(paprika)	식품에 착색

(3) 향신료의 종류와 이용부위

향신료는 육가공 및 소시지, 소스와 식초, 피클, 잼, 마요네즈, 샐러드 드레싱, 제과, 음료 등 여러 분야의 식품가공에 사용되고 있다. 향신료, 큐라소, 퀴멜 등 많은 리큐어를 만드는 데도 쓰인다. 향신료는 약용으로서의 가치도 있어 인도와 다른 아시아 국가에서는 병을 고치는 효능이 널리 평가받고 있으며, 서양의학에서는 다소 제약이 있기는 하나 아직도 쓰이고 있다. 오늘날도 본초학자들은 특정 질병 치료에서 쓰이는 몇몇 향신료의 효능을 높이는 데 힘쓰고 있다. 요리에 사용되는 향신료는 다음과 같다.

❖ 열매를 사용하는 것

올스파이스(allspice)

▶ 특성

서인도제도와 중앙아메리카가 원산지로서 향기가 매우 강한 장과(漿果). 클로브, 계피, 육두구를 섞어 놓은 것 같은 맛이 나기 때문에 올스파이스라는 이름이 붙여짐

▶ 용도

- 제빵 및 육류나 혼합절임양념에도 사용됨
- 학명은 피멘타(Pimenta), 명칭은 피멘토(pimento) 또는 자메이카 후추(Jamaica pepper)
- 키는 약 9m에 이르며, 열매가 익기 전에 따서 햇볕에 말리는 동안 흐릿한 적갈색으로 변함
- 장과 안에는 씨가 2개 들어 있으며, 냄새는 향기롭고 톡 쏘는 듯한 맛을 냄

회향풀(fennel)

▶ 특성

회향이라고도 하며 향기가 나서 맛을 내는 데 쓰이며, 어린 가지는 데쳐서 먹는다.

키가 약 1m까지 자라며, 잎은 송곳 모양의 노란색 작은 꽃이 복산형(複繖形) 꽃차례를 이룬다.

열매는 녹색을 띤 갈색에서 노르스름한 갈색에 이르는 길쭉한 타원형으로 길이가 6mm 정도로 종자의 향기와 맛은 아니스와 비슷하며, 3~4%의 정유(精油)를 함유하고 있다.

▶ 용도

씨와 추출된 기름은 비누나 향수에 향을 내거나 사탕 · 음료수 · 의약품 및 특히 페스트리 · 스위터 · 피클 · 생선과 같은 음식의 맛을 내는 데 사용한다.

캐러웨이(caraway)

- 아니스를 연상시키는 독특한 향과 약간 얼얼한 맛을 내며 주요 향기성분은 카본과 리모넨
- 육류요리, 빵, 치즈 및 사우어크라우트(Sauerkraut)와 같은 채소 등의 향미료로 사용

시라(syrah)

- 산형과(繖形科, Apiaceae/Umbelliferae)의 회향 같은 1~2년생초. 또는 말린 열매나 씨
- 특히 유럽 동부와 스칸디나비아에서 계절음식으로 쓰이는 잎
- 원산지는 지중해 연안 국가와 러시아 남부지방으로 유럽 · 인도 · 북아메리카 등지
- 식물 전체에서 향기가 나며, 작은 줄기와 산형(繖形)꽃차례를 이용
- 잎은 수프 · 샐러드 · 소스 · 생선 · 샌드위치 등의 재료와 특히 피클의 맛을 내는 데 사용됨
- 캐러웨이(회향의 일종)를 연상시키는 부드러우면서도 약간은 자극적인 맛
- 주요 향기성분은 카본과 리모넨

아니스(anise)

- 주요 향기성분 : 아네톨
- 열매인 아니시드(aniseed)는 감초맛이 남

- 키는 75cm까지 자라는데, 꽃은 작고 노란빛이 도는 흰색이며 엉성한 산형(繖形)꽃차례
- 열매 모양은 거의 난형. 길이는 0.35cm 정도이고 등 쪽에 세로로 5개의 능선이 있음
- 이집트와 지중해 동부지방이 원산지
- 유럽 남부, 중동, 북아프리카, 파키스탄, 중국, 칠레, 멕시코, 미국 등에서 재배
- 제과의 맛을 내는 데 사용되며, 지중해 지역과 아시아에서는 고기와 채소 요리에 이용

너트맥

- 육두구과 교목의 열매를 건조시킨 것
- 한 개의 종자에서 두 종류의 향신료가 나옴. 너트맥과 메이스(mace)
- 쏘는 듯한 독특한 향과 약간의 단맛
- 제과, 푸딩, 크림류, 고기류, 소시지 등의 육가공 및 소스나 채소 등에 사용

❖ 나무껍질을 사용하는 것

계피(cinnamon)

- 계수나무의 얇은 껍질로 방향과 약간의 감미가 있음
- 과자류, 음료, 소스, 케첩 등에 사용되며 콜라에도 넣음
- 계피유의 주요 성분은 신남알데하이드(cin-namic aldehyde)

❖ 잎을 사용하는 것

월계수(laurel)

- 잎의 상처에서 방향을 내므로 채유하여 향수의 원료로 사용
- 생선, 육류, 감자 요리에 적당(피자나 스파게티 등 이탈리아 음식에 사용)
- 주요 향기성분 : 시네올(cineol), 유제놀(eugenol), α−피넨 (α−pinene)

세이지(sage)

- 자소(차조기)에 속한 가장 오래된 재배식물
- 잎사귀는 육가공 시의 향료로서 소시지 등의 냄새 제거 기능
- 카레가루나 약용으로도 사용
- 주요 향기성분 : 피넨, 시네올, 보르네올(borneol) 등

❖ 꽃봉오리와 꽃잎을 사용하는 것

정향(clove)

- 꽃봉오리를 4~5일간 말려서 사용하며, 식물의 부향제 로 육류요리에 사용
- 파우더는 과자 제조에 사용
- 주요 향기성분인 유제놀의 강한 향기로 고기의 냄새 제거

타임(thyme)

- 꽃잎 부위를 사용하며 채소, 육류, 어패류, 달걀 등의 부향 제로 이용
- 살균이나 방부효과가 뛰어나서 가공저장품의 보존제로도 활용
- 향기성분 : 티몰(thymol), 카바크롤(carvacrol)

❖ 씨를 사용하는 것

겨자(mustard)

- 종자의 색조에 따라 흑겨자(순한 맛), 백겨자(매운맛)로 분류
- 매운 성분 : 시니그린(sinigrin)
- 카레나 와사비(고추냉이)의 매운맛 보충

카다몬(cardamon)

- 열대 아시아산 생강과의 식물
- 씨나 마른 열매를 갈거나 통째로 사용
- 씨는 독하고 약간 자극적이며 장뇌와 비슷한 매우 향기로운 냄새
- 동부지역의 요리, 특히 카레요리와 스칸디나비아의 페스트리에 조미료로 널리 이용
- 향기성분 : 시네올, 리오넨, 테르피넨 (terpinene)

아니스(anise)

- 향기성분 : 아네톨(anethole)
- 아니시드를 얻기 위한 미나리과 식물
- 난형이며 3.5mm 정도의 열매 수확
- 고기와 채소 요리에 사용
- 술에 넣는 향료로도 사용

❖ 뿌리를 사용하는 것

마늘(garlic)

- 마늘의 냄새와 매운맛 성분 : 알리신과 황화아릴류
- 매운맛 성분 : 디알릴 설파이드(diallyl sulfide)
- 육류나 생선류의 조리 시 잡취 제거 및 향미 증진

강황(turmeric)

- 오래전부터 양념, 염료, 흥분제와 같은 의약품 등으로 이용
- 성서시대에는 향수나 향신료로 사용
- 뿌리줄기는 후추와 비슷한 향
- 약간 쓰면서도 화끈거리는 맛. 겨자의 색과 향을 내는 것
- 카레가루, 조미료, 피클, 채소용 양념버터, 생선요리, 달걀요리 등에 쓰이며 닭고기 · 쌀밥 · 돼지고기에도 넣어 조리
- 지미성분 : 글루탐산(glutamic acid)

3. 허브

(1) 허브의 개요

❖ 어 원

푸른 풀을 의미하는 라틴어의 Herba(녹색풀)에서 유래된 말로 사람들의 생활에 도움이 되고 향기가 있는 식물의 총칭이 되었음

❖ 의 미

건강(health), 식용(edible), 신선함(refresh), 미용(beauty)을 충족

❖ 성 분

탄수화물, 무기염류(칼륨, 칼슘), 지방산, 글리세롤, 사포닌, 타닌, 비타민, 아미노산, 알칼로이드, 정유(essential oil) 등

❖ 특 성

특히 정유는 방향유로 휘발성이 있으며 식물의 세포 안에 들어 있으므로 향기가 좋고 열을 가하면 증발하고 흡수력이 좋아 인체의 면역기능을 강화하고 방부제, 소독살균제, 소화제, 강장제, 거담제, 소염제로 인체에 좋은 영향을 준다.

(2) 주요 허브의 종류와 특성

허브는 향이 나는 채소로서 요리에서 육류나 어패류 등의 냄새를 제거해 주고, 향미를 증진시키는 역할을 할 수 있다. 미나리나 쑥, 생강 등도 동양의 허브류라고 할 수 있으나, 여기서는 서양요리에서 사용되는 주요 허브 몇 가지만 소개해 보겠다.

바질 (basil)	• 가장 보편화되어 있으며 대부분의 요리에 잘 어울린다. • 특히 토마토와 잘 어울리며 향이 좋아 올리브오일이나 식초와 혼합시켜 베이즐오일, 베이즐식초를 만들어 사용하기도 한다. • 잘 어울리는 요리는 육류, 가금류, 파스타류의 소스, 토마토 요리 등이다.	
월계수 잎 (bay leaf)	• 대부분 건조된 잎으로 사용하며 달고 강한 독특한 방향이 있으므로 어느 요리에나 이용할 수 있어 이용가치가 가장 크다. • 식욕촉진, 풍미, 방부력으로 대부분의 스톡과 소스, 절임 식품 등에 이용된다.	
처빌 (chervil)	• 다른 허브와 혼합하여 풍미를 증진시키며, 차이브, 타라곤, 파슬리와 함께 사용하기도 하고, 생선, 가금류, 요플레 요리와 소스에 이용된다.	
차이브 (chives)	• 쪽파류에 속하며 섬세한 풍미로 향을 내어 식욕을 증진시키며, 생선이나 육류 요리에 잘 어울린다.	

딜 (dill)	• 캐러웨이 종자와 비슷한 풍미로 신맛이 강한 요리에 많이 사용되며 각종 해산물요리나 닭고기 요리, 화이트소스 등에 사용한다.	
스피어민트 (spearmint)	• 요리의 부향제로 가장 많이 사용되며, 양고기 요리에 필수적이다. 육류, 생선, 채소소스에 사용한다.	
타임 (thyme)	지중해 연안, 유럽이 원산지이며 육류요리, 수프, 육수, 마리네이드에 주로 사용된다. 향이 강해 백리까지 간다고 하여 백리향이라고도 불린다. 오일, 식초, 마늘과 함께 사용하며 진한 나무향을 느낄 수 있다. 강한 살균력이 있어 그리스 시대엔 방부제로도 사용했다.	
오레가노 (oregano)	유럽, 서남아시아가 원산지이며 샐러드, 파스타, 갈릭 토마토소스, 바비큐소스에 이용된다. 지중해 연안의 음식에 두루두루 사용되는 허브로 달콤한 향이 난다. 향과 맛이 강해 지나치게 사용하면 요리 본연의 향과 맛을 해칠 수 있다.	
루콜라 (rucola)	지중해 연안이 원산지이며 샐러드, 파스타, 피자, 스테이크 등의 요리에 사용된다. 로마인들이 얼얼하고 매운 향을 요리에 첨가하기 위해 사용했던 허브이다. 가니쉬로도 사용 가능하며 바질 대신 페이스트로 만들어도 맛이 좋다.	

Remind

1. 조미료의 종류와 각각의 특성을 설명해 보시오.

2. 향신료의 종류를 분류하고, 자신이 좋아하는 요리와 그 요리에 자주 쓰이는 향신료를 예를 들어 설명하시오.

기호음료

1. 음료에는 알코올이 함유되어 있는 것과 함유되지 않은 것이 있으며, 기포가 나도록 탄산 가스를 흡입시켜 넣은 것과 그렇지 않은 것 등의 다양한 종류의 음료를 특성별로 알아봅 니다.

2. 알코올 음료의 만드는 방법별로 술 이름이 달라지는 것을 이해합니다.

Chapter 10 기호음료

1. 기호음료의 정의

기호음료란 기호식품의 하나로 술, 차, 커피 따위와 같이 단순한 수분공급을 넘어, 맛과 감촉을 즐기기 위하여 음용하는 것을 이르는 말이다.

음료를 통해 인체에 수분을 공급하는 기능을 수행하지만 기호에 따라 각종 향미나 독특한 맛성분을 첨가하여 관능적인 충족을 얻을 수도 있다.

최근에는 탄산음료와 과즙음료 외에도 당근 등의 채소음료나 섬유질음료, 그리고 전통음료를 개량한 식혜, 수정과, 매실 등이 시중에 유통되어 인기를 모으고 있다.

기호음료는 원래 맛의 기호성에 중점을 두고 개발되었으나, 최근에는 건강에 중점을 두고 만들어진 음료도 많이 선보이고 있다.

2. 기호음료의 분류

기호음료	비알코올성 음료	원료별	과실음료 : 천연과즙 또는 과즙 함유음료(과일주스, 과실음료)	
			미곡음료 : 쌀, 보리, 옥수수 등의 곡류 사용(식혜 등 쌀, 보리음료)	
			과육음료 : 과육을 분쇄, 희석하여 제조한 과즙음료(배, 사과주스)	
			종실계 음료 : 식물의 씨를 이용한 음료(커피, 코코아 등)	
			아엽계 : 잎이나 순을 이용하여 만든 것(녹차, 홍차, 오룡차 등)	
			유성음료 : 동물의 젖, 특히 우유를 가공한 음료(우유, 요구르트)	
			탄산음료 : 청량감을 위해 탄산을 넣은 음료(사이다, 콜라, 탄산수)	
			기타 합성음료	
	알코올성 음료 (에탄올 1% 이상 함유)	양조주 (발효주)	발효액을 그대로 혹은 여과하여 제조한 것	단순발효주 : 포도주 등 일반 과실주
				복합발효주 : 맥주, 청주, 탁주 등
		증류주	곡류, 당밀, 과실 등을 증류하여 제조한 것	위스키, 진, 보드카, 고량주, 소주, 럼, 브랜디(brandy)
		재제주 (혼성주)	각종 착색, 향료, 초근목피, 감미료 등을 혼합하여 제조한 것	합성 청주, 인삼주, 매실주, 리큐어류 등

(1) 비알코올성 음료

❖ 녹차(Green tea)

차(茶)나무의 잎을 이용한 차로 미주(美洲)의 커피, 코코아와 함께 3대 비알코올
성 기호음료

초기의 차는 민간요법으로 질병 치료를 위해 사용

보존ㆍ저장하기 위해 건조 혹은 찌거나 구워서 그 향과 맛을 개선, 음료화된 것

기능성 식품으로서 가치가 재평가되고 있음

처음 마시면 느끼는 약간의 떫은맛은 카테킨류와 아미노산에 의한 것

생리기능 조절효과 : 항노화 작용, 면역기능 개선, 장내 균층의 개선, 혈압강화, 관상동맥성 심장병 예방, 동맥경화증의 치료, 혈당 강하와 항균 및 항바이러스 작용, 항암효과

❖ 홍차(Black tea)

찻잎이 가지고 있는 카테킨을 산화효소로 충분히 산화시켜 건조한 것

산화공정을 발효라 하고 홍차를 발효차라고 함

엽록소와 타닌의 산화에 의해 붉은색이 되고, 비타민 C가 파괴됨

침출에 의한 색으로 인하여 홍차(紅茶)라 하고, 영어로는 블랙티로 표현

❖ 오룡차(Oolong tea)

찻잎을 발효시켜 솥에서 볶아 건조시킨 것

녹차와 홍차의 중간 정도인 반발효차

향미는 홍차와 비슷하며 카페인, 타닌 등의 향기성분

차 이름의 유래 : 까마귀처럼 검고 용과 같이 구부러져 있다고 하여 붙여진 이름

❖ 차나무(학명 : Camellia sinensis)

동백나무과에 속하는 관목이며 어린잎을 이용한 차(茶)는 초기에 민간요법으로 질병 치료를 위해 사용되다가, 보존 혹은 저장하기 위해 가공하게 되면서 그 향과 맛이 좋아져서 음료화된 것으로, 어린 싹으로 따서 찧거나 잘 주물러서 연하게 한 다음 건조시켜 완성한다.

차의 풍미

- 테인(theine), 아미노산, 타닌(tannin), 염기 및 페놀성 물질, 당분 등이 종합된 것으로 감칠맛, 쓴맛, 떫은맛을 가진다.

차의 쓴맛

- 우려낸 차의 맛에 관여하는 주성분은 카테킨류와 아미노산류로 이의 복합된 맛이다.
- 카페인에 의하며 떫은맛은 타닌에 의한다.

차의 색깔

- 타닌, 클로로필(chlorophyll), 플라보노이드(flavonoid), 카로티노이드(carotenoid)에 의한 것
- 가열하면 차츰 적색(赤色)으로 되는데, 차의 변색은 카테킨류가 자동산화(공기 중의 효소로 자연적으로 산화하는)하거나 카테킨류와 아미노산, 당 등이 물과 고온에 의해 반응해서 갈변물질을 생성한다. 이러한 변색은 맛과 향에 나쁜 영향을 미친다.

❖ 커피(Coffee)

커피의 품종

에티오피아 원산의 커피나무 종실의 종자를 볶은 것(원두)을 가루로 한 것 또는 그 음료를 말하는 것으로, 중남미(브라질, 콜롬비아), 서인도제도, 하와이 등이 주산지로서 대규모로 재배되고 있으며, 주요 품종은 다음과 같다.

아라비카종(arabica coffee)	에티오피아산으로 가장 많이 재배되고 있다.
로부스타종(robusta coffee)	콩고산으로 품질은 별로 좋지 않다.
리베리카종(liberica coffee)	아프리카 서해안산의 열대작물이다.

커피의 성분

맛	타닌(tannin)과 카페인(caffeine)
색	가열 시 타닌의 주성분인 클로로겐산(chlorogenic acid)의 갈변색소 생성
향	카페올(caffeol)과 에스테르류 및 혼합물의 향
효능	카페인의 흥분작용, 교감신경을 자극하여 근육의 피로회복, 소화보조기능

카페인(caffeine)

- 커피나 차 같은 일부 식물의 열매, 잎, 씨앗 등에 함유된 알칼로이드(alkaloid)의 일종으로, 커피, 차, 소프트 드링크, 강장음료, 약품 등의 다양한 형태로 인체에 흡수되고, 중추신경계에 작용하여 정신을 각성시키며 피로를 줄이는 등의 효과가 있으나 장기간 다량을 복용할 경우 카페인 중독을 유발
- 카페인 일일 섭취 권장량(식품의약품안전처) : 성인기준 400mg
- 커피 한 잔당 100~150mg 정도 함유되어 있으므로 하루에 3잔 내외가 적당

커피의 제법

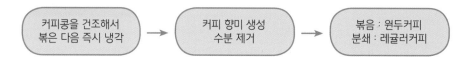

| 커피콩을 건조해서 볶은 다음 즉시 냉각 | → | 커피 향미 생성 수분 제거 | → | 볶음 : 원두커피 분쇄 : 레귤러커피 |

커피의 종류

볶은 커피	커피원두를 볶은 것 또는 분쇄한 것	분쇄한 레귤러커피는 이미 볶은 것
조제커피	커피에 향이나 맛성분 등을 혼합한 것	식품첨가물 첨가
액상커피	커피추출액 또는 커피분을 물에 용해한 것	설탕이나 우유, 크림 등을 혼입
인스턴트 커피	커피추출액을 건조시켜 물에 다시 용해시키기 좋게 만든 것으로서 건조방법에 따라 두 가지로 분류	분무건조커피
		동결건조커피 : 그래뉼(granule) 커피

❖ 카카오(Cacao)

코코아라고도 하며 벽오동과(碧梧桐科, Sterculiaceae)에 속하는 아메리카 대륙 열대산 교목으로서, 씨를 발효시킨 다음 볶아서 코코아와 초콜릿을 만든다.

카카오 열매를 가공하여 식물성 천연지방인 코코아버터를 추출하여 사용

생육에는 고온 다습한 것이 좋으며, 열매꼬투리의 길이는 15~30cm, 넓이는 8~10cm 내외

코코아의 가공

- 음료로 이용할 경우 코코아, 고형화한 것이 초콜릿

과실을 쪼개서 과육을 제거하고 수일 동안 발효시킨다.

발효과정 중 코코아 특유의 향기성분들이 생성

이것을 건조, 세정, 볶기, 파쇄 및 분쇄하여 초콜릿 리큐어(원재료) 생산

이 원재료를 압착, 가공하여 코코아버터와 코코아파우더를 만들 수 있고, 원재료에 설탕과 우유를 혼합하여 정제, 가열, 농축한 것이 밀크 초콜릿

❖ 청량음료

청량음료란 정제된 물에 유기탄산 또는 유기산을 첨가하여 마실 때 상쾌한 청량감을 주는 음료를 말하며, 일반적으로는 알코올(1% 이상)을 함유하지 않은 음료로서, 기포가 나는 발포성과 기포가 없는 비발포성이 있다.

청량음료의 종류

발포성 음료 (탄산음료)	착향음료 (flavor 포함)	착향 탄산음료	포도, 귤, 오렌지, 자몽, 사과, 배, 매실, 복숭아 등의 향기성분이 나는 탄산음료 및 유성음료(과즙 10% 미만)
		콜라	벽오동과의 콜라나무 종자를 분쇄하여 얻은 추출물을 가한 흑갈색의 탄산음료
		투명 탄산수	사이다류 : 탄산수에 과실계의 풍미와 당과 산미료를 가함
			레몬라임(lemon lime) : 레몬라임의 향을 가한 것
	비착향 음료	탄산수	천연탄산수 : 천연지하수 이용
			인공탄산수 : 물에 탄산나트륨, 소금, 중조 등을 가하여 가공한 것에 탄산가스를 압입(압력을 가해 넣음)한 것
비발포성 음료	탄산이 들어 있지 않은 청량음료, 유성음료, 과즙 함유음료		

(2) 알코올성 음료

알코올이 함유된 주류를 말하며, 첨가방법에 따라 양조주, 증류주, 혼성주, 합성주로 나눌 수 있다.

❖ 양조주의 종류와 특성

탁주 (막걸리)	청주를 그대로 마구 걸러낸 술로서 색이 탁하여 탁주라고도 하며, 찹쌀, 멥쌀, 밀가루 등으로 제조되어 왔으나 요즘에는 주로 잡곡으로도 만들며, 알코올함량 4~6% 정도로, 산미를 띠며, 이산화탄소를 포함하여 청량감이 있다.
약주	전분질원료와 누룩을 주원료로 하여 발효시킨 술덧을 여과하여 만든 것으로 고유의 빛깔과 특유의 향미가 있다. 품질은 지방에 따라 약간의 차이가 있으며, 알코올함량은 12~15% 내외이다.
청주	쌀, 누룩, 물을 원료로 하여 주정발효시켜 여과한 것인데, 찐 쌀에 코지(koji)균을 번식시켜 당화시킨 다음 효모(saccharomyces sake)로 알코올발효시킨 것이다. 여기에 에탄올, 포도당, 물엿, 유기산, 아미노산을 첨가하기도 하며, 알코올함량은 15~16%이다. 음용 외에도 조리 시 풍미료로 활용하기도 한다.
포도주 (wine)	포도와 물을 원료로 하여 포도 표면에 붙어 있는 야생효모나 배양효모에 의하여 알코올발효시켜 만든 것으로서, 당분, 에탄올, 브랜디, 소주, 향료, 색소, 기타 식물의 침출액을 가하기도 한다. 백포도주는 압착한 과즙을, 적포도주는 포도의 껍질과 같이 발효시키기 때문에 색 차이가 난다.
맥주 (beer)	엿기름(맥아)의 가루를 물과 함께 가열하여 당화시킨 반죽에 홉(hop)을 넣어 끓이고 식혀서 방향과 쓴맛이 있게 한 후 효모를 넣어 발효시킨 술로서 이산화탄소를 함유한 특성이 있다. 가열 살균한 것이 라거맥주(lager beer)이고, 비가열한 것이 생맥주(draft beer)이다. 알코올의 함량은 4~6% 정도이고, 향기는 주로 홉(hop)의 정유성분에 의한 것이다.

❖ 증류주(Spirit)

알코올과 물의 혼합물인 발효액을 증류시켜 알코올도수가 높은 술을 말한다.

소주	고구마, 쌀, 잡곡, 당밀 등의 전분을 원료로 하여 알코올발효시켜 만든다. 연속식 또는 단식 증류기에서 얻은 알코올을 원료로 하는 증류식 소주와 알코올을 물로 희석한 희석식 소주가 있다.
위스키 (whisky)	엿기름(맥아)에 물을 가하여 당화 · 발효시켜 그 액을 증류한 것을 몰트위스키(malt whisky)라 하고, 호밀이나 옥수수 등에 맥아를 첨가하여 당화해서 제조한 그레인 위스키(grain whisky)로는 버번위스키(bourbon whisky)가 유명하다. 블렌디드위스키(blended whisky)에는 몰트와 그레인을 혼합한 위스키(스코틀랜드식)가 있다.
브랜디 및 기타 증류주	브랜디 : 과실에 당류를 첨가하여 발효시킨 것을 증류하여 만든 것 포도에 당분이 많기 때문에 포도를 원료로 해서 만든 포도주를 증류하는 경우가 가장 많다.
	보드카(vodka, 러시아산) : 호밀의 발효주를 증류한 것
	럼(rum, 서인도산) : 당밀이나 사탕수수를 발효시켜 증류한 술. 당밀주(糖蜜酒)
	진(gin) : 맥아나 옥수수, 보리, 밀 등을 원료로 하여 향미를 낸 발효주를 증류한 것

▶ 브랜디의 품질

브랜디의 품질은 원액의 숙성기간에 따라 구분하는데, 주로 약자로 표시한다.

브랜디의 원액인 원주는 브랜디로서의 특성이 나타나도록 3년 이상 나무통에서 숙성시켜야 하는데 저장원주는 나이에 따라 다음과 같이 이름이 붙여진다.

03~10년	three star
10~20년	VSO(very superior old)
20~30년	VSOP(very superior old pale)
30~40년	VVSOP(very very superior old pale)
50~70년	XO(extra old) 또는 Napoleon
70년 이상	Extra

Extra, XO, Napoleon 등의 등급은 가장 우수한 품질로 평가

❖ 혼성주

혼성주에는 두 가지 뜻이 있는데 첫 번째는 여러 가지 술에 향료나 조미료 따위를 섞어서 만든 술을 뜻하며, 또 다른 하나는 두 가지 이상의 술을 섞어서 만든 술이라는 뜻으로 혼합주, 칵테일이라 불리기도 한다.

여기에서 말하는 혼성주란 알코올이나 발효주에 착색료, 향료, 감미료, 의약성분 및 조미료 등 기타 성분을 혼합시킨 술을 말하며 만드는 방법이나 용도에 따라 다음과 같은 종류가 있다.

미림	소주나 40% 정도의 알코올에 찐 찹쌀을 넣고 당화, 재발효시켜 얻은 것으로서, 조리용으로 많이 쓰인다.
리큐어 (liqueurs)	여러 양조주나 증류주, 또는 알코올에 설탕과 향료, 색소를 첨가한 것 또는 과실, 종피, 초목의 뿌리, 껍질 등을 가하여 제조한 술로서 특유한 향기와 단맛이 있으며 알코올이 강하다.

Remind

1. 비알코올성 음료를 분류하여 설명하시오.

2. 알코올성 음료의 종류와 특성을 설명하시오.

3. 청량음료의 종류와 특성을 설명하시오.

Introduction to
Food Science

발효식품

Chapter

1. 발효균에 의한 식품의 기능에 대하여 알아봅니다.
2. 전통적인 발효식품의 종류별 특성을 이해합니다.

1. 발효식품의 개요

❖ 발효란

유기화합물이 미생물의 작용 및 효소작용에 의하여 산화, 환원, 분해, 합성되어 전혀 성질이 다른 유기화합물로 되는 화학적 변화이다.

발효와 부패는 서로 상이한 뜻과 내용을 가지나 학문적으로 정확한 정의는 어렵고, 다만 부패는 일반적으로 단백질이 미생물이나 효소에 의해 분해되어 악취를 생

성하는 경우를 말하기도 하지만 예외의 경우도 있다. 현실적으로 인체에 무해하며 유익한 변화를 가져올 경우 '발효'라 하고, 반면 인체에 유해한 작용을 하는 경우를 '부패'라고 한다.

결국 발효란 미생물이 변하여 식품이 원래 가지고 있는 맛과 향과 성분이 전혀 다르게 바뀌면서 맛도 좋아지고 성분도 좋아지는 현상이라 말할 수 있다.

(1) 발효식품의 정의

발효(fermentation)란 미생물이 식품에 번식하여 우리에게 유익한 화학반응을 하는 것을 말한다. 젖산균이나 효모 등의 미생물의 발효작용을 이용하여 향미를 좋게 만든 식품으로서, 인류는 예로부터 각각 자기 나라의 기후에 맞는 미생물이 일으키는 자연발효를 통하여, 나름대로의 발효식품을 얻어 사용하였다. 발효식품은 자연 또는 조리, 가공한 식품에 천연으로 존재하는 미생물이 부착·발육하여 그 분해합성작용에 의해 새로운 맛과 향기를 만들어내는 것이다. 발효식품은 탄수화물, 단백질, 지방 등이 미생물이나 효소에 의해 동시에 복잡한 변형을 일으키는 현상에서 생겨나며, 발효되기 전보다 영양가가 높아진다.

과실과 채소는 오래 두면 알코올을 생성하고, 우유를 방치하면 젖산이 생성되어 상큼한 향기를 낸다. 이러한 변화로 인하여 맛이 좋아지므로 자연스럽게 이용해 왔다.

예로부터 우유나 음료의 저장수단으로 이용하던 짐승의 가죽부대에서 우연히 알코올이 생성되거나, 향미가 증진되는 현상을 발견하였는데 이러한 것은 그 정체가 밝혀지기 훨씬 전에도 이용되었다.

발효라는 말은 포도주를 생산할 때 처음 사용되었다고 하는데, 후에 프랑스의 미생물학자인 파스퇴르에 의해 발효 및 부패에 미생물이 작용한다는 사실이 알려지게 되었다.

(2) 발효식품의 기능 및 분류

발효식품이란 여러 미생물의 공동작용에 의해 이루어진 특수한 식품이라 할 수 있으며, 이것은 미생물에 의해 각종 탄수화물이 분해된 것이 특징이다.

발효식품은 실제로 탄수화물, 단백질, 지방이 미생물이나 효소에 의해 동시에 복잡하게 변형되는 것이다. 일반적으로 단백질의 변화는 부패라 하고 지방질의 변화는 산패라고 한다. 이들 성분을 고루 가진 식품이 자연상태에서 변할 때는 여러 가지 복잡한 변화가 일어난다.

발효는 식품의 저장과 품질개선은 물론 생성된 알코올과 유기산이 병원균의 증식을 억제한다. 발효식품은 발효하지 않은 것에 비하여 영양가가 높다. 즉 미생물은 복잡한 화합물을 분해할 뿐 아니라, 발효과정에서 비타민과 여러 가지 영양소를 합성하는 것이라 할 수 있다.

다음은 발효식품을 발효형태에 따라 분류한 것이다.

발효식품의 분류

발효형태	식품	원료	주요 미생물
효모 이용	맥주	보리	맥주 효모
	포도주	포도	포도주 효모
	증류주	곡류, 과실	효모
	빵	밀가루, 호밀	빵 효모
곰팡이 이용	가다랑어포	가다랑어	누룩곰팡이
세균 이용	청국장	대두	낫토균
	요구르트	우유	젖산균
	식초	에탄올	초산균
곰팡이와 효모 이용	청주	쌀	누룩곰팡이, 효모
	소주	주정, 고구마전분	
세균과 효모 이용	김치	채소	젖산균, 효모
곰팡이, 세균, 효모 이용	간장	대두, 밀	누룩곰팡이, 효모 및 각종 세균
	된장	대두, 밀, 쌀	

2. 장류

예로부터 우리나라를 비롯하여, 중국과 일본에서는 콩을 염장해서 발효시켜 만든 장류가 이용되어 왔으나, 우리나라 장류의 기원은 확실치 않다. 대략 콩류의 등장 및 이용을 참조한다면 장류의 기원도 삼국시대 초기인 약 2000년 전이 될 것이다. 조선시대 초기까지 구체적인 기록이 미비하여 확실치는 않지만, 간장과 된장을 따로 만들었으며, 간장과 된장이 혼합된 듯한 질척한 간장이 이용되었을 것으로 추측된다.

찐 대두 즉 콩을 삶아서 방치하면 야생의 코지(메주 곰팡이균)가 번식하여 가수분해효소로써 단백질과 지방질을 분해시킴으로써 향미성분이 생겨난 메주는, 우리의 기호에 잘 맞는 독특한 성격의 양조 조미료로 오래전부터 이용하게 되었다.

야생의 미생물에 의하여 품질이 균일하지 않을 수 있으므로 우수한 발효균을 선택하여 제품을 균질화시키도록 노력하고 있다.

콩 이외에 전분질을 첨가하여 단맛이 강화되도록 하고 그 밖에 유기산, 알코올 등이 생성되어 풍부한 맛의 조화를 이루도록 하였다.

쌀밥과 함께 먹으면 쌀 단백질에 없는 라이신(lysine)이나 트레오닌(threonine) 등의 아미노산으로 인하여 좋은 영양 균형을 이룬다.

(1) 간장과 된장

- 좋은 간장과 된장을 만들기 위해서는 우선 메주를 만들어 잘 띄워야 한다.
- 보통 10~12월에 콩을 삶아서 만들어 띄우며 이듬해 입춘 전에 장을 담근다.
- 염도를 잘 맞춘 소금물에 깨끗이 손질한 메주를 넣어 장을 담근 후 30~40일 정도 햇볕이 잘 드는 곳에 두었다가 체로 걸러서 솥에 붓고 달인 것이 간장이고, 건져낸 메주를 으깨어서 만든 것이 된장이다.
- 간장은 음식의 간을 맞추는 짜고 특유한 맛이 있는 액즙으로서 메주를 주원료로 하여 식염수 등을 섞어서 발효한 가스가 효소분해 또는 산분해법 등으로 가수분해하여 얻은 여과액을 가공한 것이다.
- 된장은 덩어리지고 되직하다 하여 된장이라 부르기도 하고, 흙빛이 난다 하여 토장(土醬)이라 부르기도 한다.
- 전통적인 방법으로는 간장과 된장을 한꺼번에 얻는 방법을 사용하였지만, 그렇게 할 경우 장의 감칠맛 성분이 간장으로 다 빠져나가 된장 맛이 떨어질 수 있으므로, 최근에는 간장과 된장을 따로 나누어 담아 각각의 품질을 높여서 만드는 방법을 많이 사용한다. 또한 발효 및 감미 촉진을 위해 메주를 만들 때 밀이나 멥쌀·보리 등을 섞어서 빚기도 한다.

장류의 기능성

장류에 함유되어 있는 기능성 물질 중 최근에 가장 주목받는 것이 이소플라본(isoflavone)과 사포닌(saponin)으로 알려져 있는데, 이들은 발암물질의 대사를 증가시켜 암세포의 증식을 억제하며 전립선암, 유방암, 자궁경부암 등의 예방에 효과를 나타내며, 피부암 진행과 상피세포암의 성장을 억제시키고 암세포의 DHA 합성을 저해하는 것으로 밝혀졌다. 또한, 콜레스테롤을 체외로 방출시켜 혈액과 간의 콜레스테롤 농도를 저하시켜 성인병 예방에 도움을 준다고 한다.

장류에 함유된 비타민 E와 콩 유래 플라보노이드류는 우리 몸속에서 지방이 산화되는 것을 억제함으로써 노화를 억제해 준다.

다음은 장류의 기능성을 표로 간단하게 요약한 것이다.

단백질 급원	양질의 식물성 단백질이면서, 약 20종의 아미노산 함유
항암효과	돌연변이 억제 효과로서 암을 예방
고혈압 예방	혈압강하 활성과 혈청 콜레스테롤 감소 효과
노화 방지	노화 촉진 물질의 활성화 저해

간장의 종류

간장의 종류는 사용하는 재료와 발효여부에 따라 다양하나, 크게는 다음의 표와 같이 간단하게 설명할 수 있다.

양조간장	대두, 탈지대두, 맥류 또는 쌀 등을 제국하여 식염수 등을 섞어 발효, 숙성시킨 후 그 여과액을 가공한 것
혼합간장	• 아미노산간장과 양조간장의 단점을 보완하기 위하여 혼합한 것 • 양조간장과 아미노산간장의 일반적인 혼합비율의 예는 4:6 또는 2:8 정도 • 혼합간장은 두 간장을 혼합한 뒤 숙성시켜 맛을 안정시킨 다음 여과 · 살균
산분해간장	단백질 원료(탈지대두 등)를 염산으로 가수분해한 다음 가성소다 또는 탄산소다로 중화하여 얻은 아미노산액에 색과 맛을 조정한 것
효소분해간장	단백질 또는 탄수화물을 함유한 원료를 효소로 가수분해한 후 그 여과액을 가공한 것

한식간장은 메주를 주원료로 하여 식염수 등을 섞어 발효 및 숙성시킨 후, 그 여액을 가공한 것이며, 그 맛은 TN(Total Nitrogen)지수로 나타낸다. TN지수란 단백질 평가 함량지수로 콩단백질이 발효되면서 생성되는 아미노산 함량을 말하며, 다음은 KS 기준에 따른 간장의 TN함량을 나타낸 것이다.

KS 기준	특급	고급	표준
TN함량	TN 1.7% 이상	TN 1.5% 이상	TN 1.3% 이상

(2) 고추장

고추장은 메줏가루에 밥이나 떡가루 또는 되게 쑨 죽 등 알맞게 호화된 전분질 식품을 잘 버무리고 이것에 고춧가루와 소금을 넣고 숙성시키기 때문에 단맛, 구수한 맛, 짠맛 및 매운맛이 잘 조화된 우리나라 고유의 발효조
미료의 일종이다. 고추장은 전분질 원료에 따라 멥쌀고추장, 찹쌀고추장, 보리고추장 등이 있고, 제조방법에 따라 재래식 고추장(메주고추장), 개량식 고추장(코지고추장) 등이 있다. 재래식으로 만든 것은 당화가 완전히 이루어지지 않았으므로 단맛이 적고, 개량식은 당화가 잘 되므로 단맛이 높은 경향이 있다. 고추장에 사용되는 고추는 알칼로이드의 일종인 캡사이신으로 인하여 매운맛을 가지며 비타민이 매우 많다.

- 고추장은 녹말이 가수분해되어 생성된 당의 단맛, 메주콩의 가수분해로 생성된 아미노산의 구수한 맛, 고춧가루의 매운맛, 소금의 짠맛이 잘 조화되어 고추장 특유의 맛을 내는데, 이들 재료의 혼합비율과 숙성과정의 조건에 따라 맛이 달라진다.
- 재래식 메줏가루를 사용하면 당화 또는 단백질의 가수분해가 잘 이루어지지 않아 맛이 잘 조화되지 않았다. 그러나 당화력과 단백질 분해력이 강한 국균(麴菌)으로 발효시킨 개량 메줏가루를 사용하면 훨씬 더 맛있는 고추장을 만들 수 있다.

GHU(Gochujang Hot taste Unit)

 GHU는 고추장의 매운맛을 나타내는 단위로서, 고추장의 매운맛을 5단계로 등급화해 표기하고 있다. 이 등급표시는 14개의 KS 규격 중 고추장 제품에 의무적으로 표시하도록 규정하고 있다.

단계	1단계	2단계	3단계	4단계	5단계
GHU 등급	30 미만	30~45	45~75	75~100	100 이상
맛	순한 맛	덜 매운맛	보통 매운맛	매운맛	매우 매운맛

(3) 청국장

- 납두균을 접종하여 고온에서 하루 만에 만들어 먹을 수 있다.
- 청국장은 메주콩을 10~20시간 더운물에 불렸다가 물을 붓고 푹 끓여 익힌 다음 자연발효로 얻을 수 있다.
- 청국장은 발암물질을 감소시키고 유해물질을 흡착해서 몸 밖으로 배설시킨다.
- 특유의 향미와 맛이 있지만, 이 냄새를 싫어하는 사람들도 있어 메뉴 선정 시 유의하도록 한다.
- 최근에는 냄새 없는 청국장과 분말화된 청국장이 개발되어 보급 중이다.
- 이와 유사한 음식으로 일본에는 낫토(納豆)가 있으며, 간장과 겨자로 간을 하여 그대로 먹거나 밥 위에 얹어 먹기도 한다.

3. 주류(술)

- 주류라 함은 일반적으로 알코올 1도 이상의 모든 음료를 말한다.
- 과실즙의 당분이 야생효모에 의해 알코올발효가 일어난 것을 인간이 발견하여 자연발효형식으로 술을 만들기 시작하였고, 채집시대에는 과실주를, 농경시대에는 곡류를 이용한 곡주를 만들어 먹었을 것으로 추측하고 있다.
- 알코올성분이 들어 있어 마시면 취하는 음료로서, 적당히 마시면 신진대사를 높이는 효과가 있으나 과음하면 정신적 · 육체적인 질병 내지는 알코올중독증을 유발할 수도 있다.
- 인체의 알코올 분해능력은 각 사람의 아세트알데하이드 분해능력에 따라 현저하게 차이가 난다. 따라서 각 개인의 능력에 따라 지나친 음주를 삼가도록 한다. 또한 음료로 사용되기도 하지만 조리 시 식품의 향기나 맛에 따라 첨가 조절하면 훌륭한 요리를 할 수 있다.

(1) 제조방법에 따른 주류의 분류

양조주(釀造酒)	• 변질 용이(20% 이하로 알코올함량이 비교적 낮음) • 원료 자체에서 우러나오는 독특한 향기와 부드러운 맛	
	단발효주	포도주, 사과주 등 과실주 원료 속의 주성분인 당분으로 효모만의 작용에 의해 스스로 술이 되는 것
	복발효주	맥주, 청주, 탁주 등. 원료 속의 주성분인 녹말질이 당질까지 분해되지 못한 상태로 있기 때문에 당화(糖化)의 공정을 거쳐 만들어지는 술
증류주(蒸溜酒)	• 양조주를 증류 즉 가열하여 수증기를 만들고 그것을 식혀서 다시 액체로 만든 술 • 원하는 알코올농도 조절 가능 : 알코올성분이 높은 고순도의 맑은 술 제조 가능 • 브랜디 : 포도주를 증류하여 만든 것 • 위스키와 보드카 : 맥주를 증류하여 만든 것 • 소주와 고량주 : 막걸리 등을 증류하여 만든 것	
혼성주(混成酒)	• 양조주나 증류주에 식물의 꽃, 잎, 뿌리, 과실을 담가 식물의 향기, 맛, 색깔을 침출시키고 다시 당류나 색소를 가하여 만든 술 • 알코올 및 추출물 함량이 높은 술 • 각종 양주, 매실주, 칵테일 등 • 재제주라고도 함	

(2) 맥주(beer)

보리를 싹 틔워 만든 맥아(麥芽)로 맥아즙을 만들고 여과한 후 홉(hop)을 첨가하여 맥주효모균으로 발효시켜 만든 알코올을 함유한 음료로서 세계적으로 가장 널리 이용되는 술이다. 맥주의 성분은 물, 이산화탄소, 알코올 등이며 비타민도 상당량 함유되어 있다. 맥주는 1L에서 433kcal를 낸다. 알코올은 단백질과 탄수화물 절약작용을 하며, 다른 영양소 특히 지방의 소화율을 높인다. 특유의 쓴맛 성분을 함유하고 있으며, 상쾌감을 높이고 소화를 촉진시키기도 한다.

◆ 맥주는

발효형식에 따라

- 상면발효맥주(영국)와 하면발효맥주(독일)로 구분

빛깔에 따라

- 농색, 담색, 중간색, 흑색 맥주로 구분

생산된 지역의 명칭을 따서

- 필젠(Pilsen), 도르트문트(Dortmund), 뮌헨(Munchen) 등으로 구분

◆ 맥주의 제조방법

맥주는 먼저 보리를 싹 틔워 맥아를 만든 후 맥아와 녹말질 부원료로 맥아즙을 만들고 홉을 첨가하여 자비(煮沸) · 냉각해서 만든다. 이 냉각된 맥아즙에 맥주효모를 넣어 발효시키고 일정기간 저장 · 숙성한 후 여과하여 바로 제품화하면 생맥주가 되고, 병이나 캔에 넣어 저온살균 처리하면 오래 보관할 수 있는 병맥주가 된다.

- 제조과정 : 보리 침지 → 싹 틔운 것을 건조 → 분쇄 → 물 첨가 가열 액화 → 당화 → 여과 → 홉(hop)을 가하여 향미성분을 추출 → 여과(홉의 찌꺼기를 분리) → 냉각 → 효모를 첨가하여 발효
- ※ 원액을 물에 침지하여 발아시키므로 제조 분쇄된 맥아와 전분질 원료를 혼합, 당화시킴

- 당화된 맥즙을 여과하여 끓이면서 홉(hop) 첨가

※ 맥즙을 냉각시킨 후 효모를 투입하여 발효시킴. 이때 미량의 산류, 에스테르, 고급알코올 등이 생성. 이것을 주발효라 함. 주발효가 끝난 맥주는 맛이 조화되도록 저온에서 일정기간 후 발효시킴

- 후발효가 끝난 맥주 : 생맥주
- 생맥주를 살균하여 병입한 것 : 라거맥주(병맥주)

(3) 탁주

- 우리나라 서민들이 가장 즐기던 술로서 막걸리라고도 함
- 곡류 등의 전분질 원료와 코지에 물을 가하여 숙성시킨 다음 물을 다시 가하여 추출한 것으로 여과하지 않고 탁한 채로 이용하며, 에탄올 함량은 6~8% 정도이다.
- 약주는 같은 방법으로 만들되 코지를 탁주보다 2배 더 사용하고 여과하여 제성한 것으로 에탄올 함량이 11%인 것을 말한다.
- 용수를 받아서 떠내면 맑은 술 즉 청주(淸酒)가 된다.
- 거르지 않고 밥풀이 담긴 그대로 뜬 것을 동동주라고 한다.

(4) 과실주

과실주는 과실 또는 과즙을 주원료로 하여 발효시킨 술밑을 여과·제성한 것으로, 이 발효과정에서 과실, 당질 또는 주류 등을 첨가하기도 한다. 과실주는 자연발효에 의해 쉽게 만들어지므로 곡주보다 그 역사가 오래되어 청동기시대부터 이용되었을 것으로 추측하고 있다고 한다.

- 과실주는 과실만을 자연발효시켜 당화·발효된 것과, 알코올 또는 주정에 과실을 넣어 파쇄 및 압착하여 효모를 첨가하여 발효시킨 것으로 구분된다.
- 과실주의 맛과 향을 조화시키기 위하여 발효가 끝난 후에 일정 기간 숙성이 필요하다.
- 백포도주는 포도과즙을 발효시킨 것으로 적포도주와 구분된다.
- 적포도주는 과피와 함께 주모(포도주 효모 배양액)를 첨가하는데 이때 잡균의 번식을 억제하기 위하여 아황산을 첨가하고 당이 약 25%가 되도록 당을 보충한 다음 25℃에서 5~7일간 발효시킨다.
- 대표적인 과실주가 포도주와 사과주이지만 다래, 매실, 무화과, 밀감 등 그 종류는 과실의 수만큼이나 다양하다.
- 사용하는 과실은 약간 덜 익어 산미가 있는 신선한 것일수록 좋다.
- 원료과실의 당도에 따라 알코올도수가 결정된다.
- 샴페인 등 발포성 포도주는 백포도주에 일정량의 당을 보충한 후 다시 효모를 첨가하여 발효시킨 것이다.

(5) 증류주

증류주는 대부분이 물과 에탄올이며, 약 0.2%의 비휘발성분이 포함되어 있고, 대표적인 것에는 위스키, 브랜디, 소주 등이 있다.

- 위스키는 12세기경 아일랜드에서 만들어지던 것이 스코틀랜드로 전파되었고, 16세기 초 상품화되었으며, 배아곡류(주로 맥아)를 당화, 발효, 증류하여 만든다.
- 분쇄한 건조맥아(몰트)에 더운물을 가하여 54~63℃에서 녹말을 당화시킨 후 24~25℃로 냉각시켜, 다시 효모를 가하여 발효시킨다.
- 위스키의 원주(原酒) : 발효액을 증류하여 알코올분을 약 60%로 한 다음, 이것을 나무통에 넣어 저장한다(저장기간은 약 7~15년).
- 저장 중 담갈색으로 변한 원주를 그대로 또는 토대로 하여 혼합해서 제품으로 만든다.

산지에 따라

- 스카치 위스키(Scotch whisky), 아이리시 위스키(Irish whisky), 아메리칸 위스키(American whisky) 등

원료에 따라

- 맥아 위스키(malt whiskey), 곡류 위스키(grain whisky), 혼합 위스키(blended whisky) 등

❖ 소주

- 소주는 곡류를 발효시켜 증류하거나, 알코올을 물로 희석하여 만든 술로서 고려 말에 원나라로부터 도입된 증류주이다.
- 양조주를 오래 두면 알코올도수가 낮아 맛이 변하는 결점에 대비해 고안된 술이다.
- 증류식 소주는 증류로 얻어진 것으로서 원료 및 이로부터 유도되는 각종 알코올 발효부산물 중 휘발성의 불순물을 함유하기 때문에 특유의 향미를 지닌다.
- 1960년대에 원료대체 조치로 인하여 희석식이 갑자기 발달하면서 자취를 감췄다.
- 희석식 소주는 오늘날의 연속식 증류기라는 정교한 기계로 증류하여 얻은 95% 가량의 순수 알코올에 20~35%의 물을 넣어 희석한 것이다.
- 소주는 알코올을 함유한 술밑을 증류한 것으로 물과 휘발성 성분이 주체를 이루고 비휘발성분은 거의 없다.
- 미량으로 들어 있는 알코올 이외의 휘발성 성분이 품질을 좌우한다.
- 우리나라는 식량 절감정책으로 정제된 주정을 희석하고 향미를 가하여 만든 소위 희석식 소주가 대부분 이용되고 있으며, 원료는 고구마전분이다.
- 향토소주로는 안동소주, 개성소주, 진도홍주, 제주 고소리술 등이 유명하다.

4. 식초(vinegar)

(1) 식초의 개요

❖ 정의

- 식초는 알코올을 초산발효하여 만드는 산성조미료로서 각종 식품의 조미, 보존제로 널리 쓰이며, 4~5%의 초산(아세트산) 이외에 소량의 알코올, 유기산, 아미노산, 당류, 에스테르 등을 함유하고, 특유의 새콤한 향미가 있다.
- 식초에는 발효시켜 양조한 것, 과실의 신맛을 이용한 것, 합성한 것 등이 있고, 원료에 따라 주정초, 배식초, 사과식초, 현미식초, 알로에식초, 포도식초, 맥아식초 등으로 분류할 수 있다.
- 초기에는 음식에 첨가할 목적으로 가공품을 생산하였으나, 최근에는 건강음료로도 이용되고 있다.

❖ 어원

영어의 비니거(vinegar)는 프랑스어의 포도주 vin과 신맛 aigre를 합친 vinaigre에서 유래되었으며, 초기에 포도주를 초산발효시켜 식초를 만들었기 때문에 불린 것으로 추측된다.

(2) 식초의 종류 및 특성

❖ 종류

<u>양조(발효)식초</u>

▶ 과실식초

　과실술덧, 과실착즙, 주정, 당류를 혼합하여 초산발효시킨 것(감식초)

▶ 곡물식초

　곡물술덧, 곡물당화액, 알코올, 당류를 혼합하여 초산발효시킨 것(현미식초)

▶ 주정식초

　주정, 당류, 기타 첨가물 등의 원료를 혼합하여 초산발효시킨 것(주정초)

<u>합성식초</u>

• 빙초산 또는 초산을 물로 희석하고 여기에 아미노산이나 당류를 첨가한 것으로 과일주스의 신맛을 이용한 것으로는 레몬식초 · 살구식초 등이 있다.

<u>기타</u>

• 발효식초를 다시 증류시킨 증류식초, 식초를 다시 가공한 가공식초 등이 있다.

❖ 기능

<u>방부효과</u>

• 살균력이 있어 제품의 보존성 향상

<u>연화력</u>

• 생선 뼈의 연화 및 단백질의 응고

채소류의 갈변효소작용 억제

- 우엉, 연근 등의 갈변 방지에 이용

채색효과

- 안토시아닌계 색소에 작용하여 생강을 식초에 절일 때 적색 선명화

마스킹

- 어패류의 조리 시 비린내 등의 불쾌한 냄새 제거

영양

- 비타민 C의 산화 방지작용

Remind

1. 발효식품의 특성을 이용하여 개발가능한 퓨전요리에 관하여 자신의 견해를 밝혀 보시오.

2. 식품으로서의 주류의 가치를 아는 대로 설명해 보시오.

3. 식초를 이용한 요리를 얼마나 섭취하고 있는지 체크해 보시오.
   - 일주일 동안 먹은 식초가 첨가된 음식 이름
   - 건강을 위해 앞으로 먹을 수 있는 식초 함유음식

Introduction to
Food Science

식품의
변패와 저장

12

Chapter

1. 식품의 변패는 자연적인 미생물이 번식해 나가는 과정임을 이해하고, 인체에 해로운 미생
   물이 식품의 가치를 떨어뜨리는 현상을 공부합니다.
2. 변패의 요인을 살펴보고, 저장이란 미생물을 사멸시키는 것이 아니라 번식을 억제시키는
   원리임을 이해하도록 합니다.

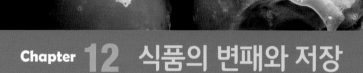

Chapter 12 식품의 변패와 저장

1. 변패(deterioration)의 정의

❖ 변패란?

- 식품이 변질하여 부패한 것을 말하며, 식품을 저장하는 동안에 미생물, 햇빛, 산소 및 기타 화학적 물질에 의하여 식품의 빛깔, 맛, 냄새 등의 관능적 특성이 변하여 식품으로서의 가치가 떨어지게 되는 것을 말한다.

- 식품 변패의 원인은 미생물로 인한 것과 물리적인 것 그리고 화학적인 변패 등이 있다.

- 단백질이 세균에 의해 분해되어 변질된 것을 부패(putrefaction), 당질과 지질이 분해되어 변한 것은 변패(deterioration), 지질이 산화 및 분해되는 현상을 산패(rancidity)라고 한다.

- 식품은 대부분 단백질, 당질, 지질 등이 혼합되어 있으므로 이러한 현상은 복합적으로 발생하게 되며, 이를 방지하기 위한 식품의 저장방법도 여러 가지로 달라지게 된다.

2. 식품의 저장기술

- 식품을 저장하는 기술은 니콜라 아페르(Nicolas Appert)가 통조림 기술을 개발한 이후 연구 발전되기 시작함
- 통조림으로 인하여 식품을 용기에 밀봉하여 가열한 후 개봉하지 않으면, 즉 산소와 접촉하지 않으면 그 상태를 오랫동안 유지할 수 있으므로 장시간 저장이 가능하다는 것을 알게 됨
- 19세기 중반 파스퇴르(Louis Pasteur)의 실험에서, 파스퇴르의 병속에 육즙을 넣어 가열했을 때 발효가 일어나지 않고 가열하지 않았을 때 발효가 일어나는 현상을 발견하여 미생물의 증식 억제가 살균에 의한 것임을 입증함
- 식품과학의 기초는 '변패요인과 그 억제를 이해하는 일'이라고 할 수 있다. 그 원리를 알기 훨씬 이전부터 어느 정도의 보존기술을 인류는 터득하고 있었다. 즉 버터의 원료인 우유는 며칠 못 가서 변질되지만 그중의 지방덩어리인 버터는 몇 주일 또는 수개월간 저장할 수 있었다. 마찬가지로 치즈, 훈제어유가 건조과일처럼 변패되지 않도록 가공됨
- 식품의 변패요인과 그에 대응할 저장방법 및 기술 개발이 필요함

3. 변패의 요인

변패의 원인이 되는 것은 주로 세균, 효모, 곰팡이 등이 부패미생물로서 성장하고 활동하기 때문이고, 또한 식품 내에 들어 있는 자가효소의 작용과 곤충, 기생충, 쥐 등의 활동의 영향이라고 할 수 있으며, 주변의 환경, 온도, 습도, 빛 등에서도 기인한다고 볼 수 있다.

(1) 미생물

- 미생물에 의한 변질은 미생물 증식의 결과, 그 대사작용에 의해서 식품성분이 변화하는 것을 말한다.
- 환경조건(기온, 산소, 습도 등)의 원인과 식품에서의 화학작용으로 식품의 형태와 성질이 변하고, 영양성분이 손실되며 때로는 독성 등의 유해물질을 생성해 내기도 한다.
- 넓은 의미의 부패는 미생물의 증식으로 식품성분이 분해되어 가식성을 잃는 과정을 말한다.
- 동일한 미생물의 작용이라 해도 인체에 유익한 생산물로 변화하는 경우에는 '발효(fermentation)'라고 하며, 인체에 유해한 경우에는 '부패'라고 한다.
- 식품을 부패시키는 미생물을 '부패균'이라고 한다.
- 미생물에 의한 부패현상은 원료에 존재하던 것(1차 오염)이나 제조 가공 시에 혼입된 것(2차 오염) 등으로 나눌 수 있다.
- 부패생산물 : 암모니아의 생성, 아민의 생성, 유황화합물의 생성, 기타 악취성 화합물의 생성

주된 부패 미생물의 종류

생육식품 및 균의 작용	미생물속	오염원인
우유 및 유제품의 산패 냉장 중 맛의 변질, 가스 생성	Streptococcus Lactobacillus	공기와 접촉 인체와 접촉
우유, 유제품, 채소, 밥, 빵, 육류, 어육 가공품의 변패로 인한 변색 및 이취	Bacillus	손, 기구와 접촉 공기에 노출
육류, 우유, 통조림, 채소의 부패로 인한 부패취 및 침채류의 악취	Clostridium	보툴리누스 중독 (botulinus)
육류, 어패류 및 그 가공품의 부패	Micrococcus Vibrio	어류에 부착 고온성 해수
과실, 주스류, 양조제품	Acetobacter Yeast(효모류)	흙, 관개용수 공정, 가공용기
채소, 곡물, 과실, 건조식품, 빵	Fungi(곰팡이)	시간, 온도, 빛

❖ 세균(bacteria)

- 세균은 하등 단세포 생물체로서 활동하는 미생물을 총칭하며 박테리아라고도 한다. 대부분 무성생식을 하고, 환경에 따라 유성생식을 하는 세균들도 있다.
- 세균의 예로는 유산균이나 식중독과 관계된 대장균, O−157균, 위에서 기생하며 위염을 발생시키는 헬리코박터파일로리 등이 있다.
- 세균(bacteria)은 여러 형태의 단세포 식물이며 주로 구형, 막대형 및 나선형 등 세 가지 형태이다. 대다수는 편모(flagellum)에 의해 움직인다.
- 일부는 종자의 형태로 열, 화학물질, 그 밖의 악조건에 견디는 포자(spore)를 형성한다.
- 질병과 관련된 세균으로는 결핵균, 파상풍균, 콜레라균 등이 있다. 이러한 균들은 체내에 감염되면 빠른 속도로 퍼지며, 공기나 물, 음식 등으로 전염될 가능성이 높기 때문에 위험하다.

❖ 곰팡이

- 균류 중에서 진균류에 속하는 미생물로서 보통 그 본체가 실처럼 길고 가는 모양의 균사로 된 사상균을 가리킨다.
- 천연에서 곰팡이는 공기 · 물 · 흙 · 바닷물 등 유기물이 있는 곳에는 어디든지 존재하며, 세균, 효모와 더불어 곰팡이도 모든 식품성분을 분해한다.
- 당과 전분과 섬유소를 가수분해하기도 하고, 지방질을 가수분해하여 산패를 일으키기도 하며, 단백질을 분해하여 불쾌취나 암모니아 냄새를 발생시키기도 한다.
- 유해균으로는 황변미를 생성하는 것과 곰팡이 독(mycotoxin)을 생성하는 것 그리고 아플라톡신(aflatoxin) 등 발암성을 가진 것도 있다.

(2) 곤충, 기생충, 쥐

❖ 곤충

- 예전부터 중요한 단백질 급원 식품(메뚜기, 번데기, 꿀벌 등)
- 하지만 경작 시 작물(곡류, 채소류, 과실류 등)에 손상을 초래
- 흡혈 및 병의 매개체(모기, 벼룩, 이, 말라리아 등)
- 미생물의 번식을 도와 식품의 부패 유발

❖ 기생충

감염경로	기생충	예방책
채소류	회충, 구충, 편충, 요충	채소류를 물에 충분히 씻어서 섭취
육류	선모충, 유구조충(돼지고기촌충) 무구조충(쇠고기촌충)	육류를 가열조리로 충분히 익혀서 섭취
어패류	간디스토마(간흡충), 폐디스토마(폐흡충), 요코가와흡충, 아니사키스	어류의 가열조리 섭취, 생식 금지

❖ 쥐

- 음식물을 오염시키거나 훔쳐 먹어 식품에 해를 끼친다.
- 가스관이나 전기코드를 갉아 가스누설이나 누전으로 인한 화재도 발생
- 쥐의 배설물은 페스트, 발진티푸스 등의 병원성 미생물을 오염시켜 전염병 발생원인 제공
- 살모넬라증(salmonellosis) 등 식중독의 발병 원인 제공

(3) 저장온도

❖ 온도조절이 식품의 품질에 미치는 영향

- 식품의 저장온도가 10℃ 상승함에 따라 화학반응은 약 2배 정도 증가된다.
- 우유가 얼면 단백질 변성이 일어나고, 녹으면 조직이 파괴되어 지방과 수분이 분리된다.
- 과실이나 채소가 얼면 냉해를 입고, 동결 후 해동되면 조직이 파괴되어 외피에 미생물의 침입이 용이해진다.
- 채소와 과일은 최적온도에서 저장(10℃ 내외)하도록 한다.
- 종류와 성질에 따라 품질을 최대로 유지하기 위해서는 10℃ 이상 또는 그 이하에서 저장한다.
- 식품의 적정 저장온도와 동결점 사이에서 냉해현상이 일어나기 시작한다.

과실 및 채소류	적정 저장온도(℃)	동결점(℃)	냉해현상
사과	1~2	−2	내부 갈변, 연부
오렌지	1.5~2.5	−2.2	표피장애
감자	5		갈변
오이, 가지, 자몽, 올리브, 파파야, 파인애플, 아보카도	7	−0.9	내부 갈변 및 변색, 부패
강낭콩	7~10	−1.1	반점
망고	10	−0.9	내부변색
호박	10~13	−0.9	부패
바나나, 고구마	13	−2.2	변색, 부패, 반점

(4) 습도와 시간

- 식품에 가해지는 습도에 따라 분말제품은 덩어리를 형성하거나 표면 손상이 유발된다.
- 식품의 표면에 소량의 물이 응축되면 미생물의 번식이 용이해진다.
- 식품 주변의 수분을 감소시키면 내부 수분도 감소되면서 수분활성도가 저하되어 미생물이나 효소의 활성이 줄어들어 부패나 변패를 방지할 수 있다.
- 경우에 따라서는 수분감소로 인한 건조로 인하여 풍미가 향상되는 경우도 있지만, 일반적으로는 품질이 저하되는 경우가 많다.

(5) 공기

- 공기 중의 산소가 식품성분을 산화시키고 곰팡이가 번식하도록 한다.
- 거의 모든 곰팡이는 호기성이기 때문에 공기가 닿는 식품의 표면이나 틈에서도 번식이 가능하다.

(6) 빛의 영향

- 리보플라빈, 비타민 A, 비타민 C 등 : 빛에 의해 파괴, 변색
- 우유 : 지방산패와 단백질의 변화로 변패취가 발생
- 소시지와 식육의 표면 변색 : 빛의 영향에 따라 품질이 저하되는 식품들은 빛을 차단하거나 선별 통과하는 포장재료를 사용하여 변질을 방지할 수 있음

(7) 저장기간

- 식품이 숙성의 단계를 지나면서 시간에 따라 변패의 진행속도가 빨라짐
- 미생물의 번식, 효소작용, 산화작용 등은 시간과 비례하여 진행되기 때문임

4. 식품저장의 원리와 방법

식품은 수분의 활성이나 공기 등 환경에 의한 화학적 인자나 식품에 있는 효소, 그리고 외적인 인자들에 의해 그 품질이 저하될 수 있다. 이러한 것을 방지하기 위한 것이 식품의 저장이다. 따라서 식품의 품질이 최대한 유지될 수 있도록 하는 여러 가지 원리를 이용한 방법이 고안되어 이용되고 있다.

(1) 가열살균

- 식품의 저장은 생원료의 저장기간을 연장시키는 것이므로, 식품에 열에너지를 부여하는 가열조리(cooking)는 가열살균의 범주에서 벗어난다.
- 일반 미생물의 증식가능 범위는 35~60℃이고, 82~93℃에서 거의 사멸한다.
- 내열성 균들은 66~82℃에서도 증식한다.

살균법	가열온도(℃) 및 방법	가열살균 대상 식품
멸균(살균)	121℃(습열)에서 15분 이상 가열살균	장기간 저장용 식품의 내열성 강한 미생물을 사멸하여 포자를 불활성화시킴
저온살균법	63~65℃에서 30분 가열살균	우유, 맥주, 포도주
초고온 순간살균	135~150℃에서 0.5~1.5초	사멸 목적
가압가열 살균	100℃ 이상	육류 통조림

(2) 저온저장

식품의 온도를 낮추어 미생물의 생육이나 효소의 활성을 억제하는 저장방법을 말하며 저장법의 종류는 다음과 같다.

살균법	저장방법 및 온도	저장식품
움저장	땅에 묻는 것(10℃ 유지)	• 채소류 : 감자, 고구마, 배추, 무, 당근 • 과실류 : 사과, 배, 감귤류
CA 저장 (가스저장)	냉장상태 유지하면서 산소 1~5%, 탄산가스 2~10% 유지	호흡이 왕성한 과일, 채소류의 호흡이 억제되어 장기간 신선도 유지 가능
냉장저장	동결온도 이상에서 15℃ 이하	• 채소, 과실류 10℃ 내외 • 동물성 식품 5℃ 이하
	반동결 냉장법(-3~2℃)	어패류의 선도 유지
냉동저장	-20~-30℃	육류 및 어패류의 장기간 저장
	액체질소 분무	사과, 토마토, 수박 등

(3) 건조저장

건조(drying)는 식품에 포함되어 있는 수분을 물리적으로 제거하여 물질의 중량을 줄어들게 함으로써 수송이 간편해지고, 미생물이나 효소의 활성을 억제함으로써 저장성을 향상시킨다.

❖ 식품의 건조방법

건조방법			특성
자연건조 (천일건조)	양건법 : 양지에서 건조		태양열과 바람을 이용. 저비용이지만 장시간 소요
	음건법 : 그늘에서 건조		
인공건조	가압건조	가열 – 가압 – 분출	수분함량이 적은 식품 조직 팽화(뻥튀기). 주로 쌀, 옥수수 등의 곡류
	상압건조	자연환기 건조	가열된 공기의 자연 대류를 이용한 환기 곶감, 가쓰오부시
		열풍건조	건조실에서 가열된 공기를 강제 송풍 채소류, 맥아와 홉(hop)
		분무건조	액체식품을 건조실에서 분무하여 분말화시키는 것 커피, 분유, 분말과즙 등
		피막건조	가열된 드럼통을 굴리면서 건조 건조감자분말, 수프, 유아식 등
		포말건조	농축한 액즙에 점조제 등을 혼입하여 거품이 생기게 하여 건조 과즙, 감자, 유아식품 등
		건조제 건조, 고주파 건조, 적외선 건조	
	감압건조	진공건조	진공상태로 감압하여 수분이 승화되어 건조되는 것 농축과즙 등
		진공동결 건조	진공 및 냉동응축을 동시에 가동하여 탈수시키는 것 수분 보충 시 복원력이 강하지만 비용과 시간이 많이 소요됨. 분말식품, 생식, 사료, 과립, 과일칩, 전투식량 등

(4) 당장(sugaring)

❖ 정의

당분으로 식품을 저장하는 방법. 설탕을 사용하므로 설탕절임이라고도 한다. 식품에 고농도의 당을 첨가하면 미생물의 생육활성이 억제되는 원리를 이용한 식품 저장법으로서, 당이 가지고 있는 방부효과를 이용하고자 과실류 또는 채소류 등에 설탕을 다량 투여한다. 주요 식품으로 잼, 젤리, 마멀레이드 등을 들 수 있으며, 수분이나 공기, 이물질로 인하여 곰팡이가 증식할 수도 있음에 유의해야 한다.

❖ 원리

당의 농도가 높아지면 삼투압 현상으로 당이 식품재료를 탈수시켜 수분이 완전히 빠져나가게 하는데, 수분이 없어지기 때문에 미생물이 생육하거나 번식할 수 없게 되어 활성이 거의 멈추게 되므로 방부효과가 발현되는 것이다. 당은 전화당이나 포도당을 사용하면 곰팡이가 증식될 수 있으므로 거의 설탕을 사용하며, 설탕으로 절인 것은 염장된 것과는 달리 당장된 후에도 설탕 맛 그대로 사용이 가능한 장점이 있다. 당장법은 식품이 산화되는 것을 방지하는 작용도 한다.

❖ 방법

식품재료를 썰어 삶아서 말린 다음, 적당한 용기에 설탕을 부으면서 사이사이에 눌러 담았다가 맨 위에는 설탕을 소복하게 얹어 가볍게 눌러서 뚜껑을 덮어 저장한다.

❖ 식품재료

보통의 재료들은 한 번 삶되, 감귤류와 같이 껍질과 과육을 함께 쓰는 경우에는 설탕물에 삶아서 절이되 신맛이 나지 않는 것이라야 저장 시 부패하지 않는다. 당장에 쓰는 설탕은 순도가 높은 백설탕이 적합하며, 사과, 배, 밤, 연근, 감귤류 등의 재료 외에도 여러 가지가 재료로 사용되는데, 재료가 무르거나 색이 변하지 않는 것이 당장법 재료로서 적당하다.

(5) 염장(salting)

❖ 정의

소금에 절여 식품을 저장하는 방법으로서, 소금으로 인해 세균 번식과 자기소화 작용을 억제시킬 수 있고, 수분활성의 저하와 호기성 세균의 생육을 억제시킨다.

❖ 원리

염장법은 식품에 다량의 소금을 첨가함으로써 식품이 부패하는 것을 막아주고, 또한 식품의 맛을 증진시키는 장점이 있다. 소금에 식품이 절여짐으로써 보존성이 생기는 것은 소금 자체가 방부능력을 가지고 있는 것이 아니라, 식품을 염장하면 주로 식품 중의 수분이 삼투압에 의해 빠져나감으로써 식물세포가 원형질분리를 일으켜 미생물이 생육할 수 없는 조건을 만들고, 또한 미생물의 세포가 파괴되게 함으로써 방부력이 생기는 것이다. 염분을 좋아하는 호염성 세균이나 삼투압에 잘 견디는 곰팡이 등은 염장환경에서도 증식이 가능하므로 비교적 단시간 보존에 적합하다.

❖ 원형질 분리

식물세포의 주변에 그 세포액보다 높은 삼투압이 발생될 경우, 세포액의 수분이 밖으로 빠져나옴으로 말미암아 세포벽에 밀착되어 있던 원형질이 세포벽에서 떨어져 수축하는 현상으로서, 식물세포의 생사를 확인하는 데 이용되며 동물성 세포에서는 발생하지 않는다.

❖ 방법

식품에 직접 소금을 뿌리는 염장법과 식품을 농도가 짙은 소금물에 담그는 염수법이 있다.(염분이 잘 배게 하는 것은 염수법이다.) 소금의 사용량은 일정하지 않으나, 보통 염장법에서는 소금으로 식품이 소복하게 덮이도록 하며, 주로 육류는 돼지고기, 베이컨, 햄으로 가공하는 공정에서 사용한다. 어류에는 간고등어, 젓갈, 어란(魚卵) 등이 있으며, 채소류에는 무장아찌, 오이지, 김치 등이 있다.

(6) 산장(picking)

❖ 정의

비교적 산도가 낮은 초산을 사용하여 세균이나 곰팡이, 효모와 같은 미생물의 활성이나 증식을 억제하여 식품의 변질을 방지하는 식품저장방법을 말한다. 식품에 따라 각종 유기산은 보존성이 각각 다르다. 이들의 대부분은 pH로 표시되는 수소이온농도에 따라 보존성이 다르다.

❖ 수소이온농도(pH)

용액 속에 존재하는 수소이온의 농도로, 수소이온농도지수(pH)를 나타낸다. 순수한 물은 pH 7이 중성이고, 이보다 크면 염기성(알칼리성), 이보다 작으면 산성이다. 즉 pH가 7보다 작을 때 이 용액은 산성이며, pH가 7보다 클 때에는 알칼리성이라고 한다.

❖ 원리

식초산이나 젖산, 구연산 등의 유기산에 식품을 침지시키거나, 식품에 충분히 뿌려주면 부패에 기인하는 세균이나 미생물의 생육이 저해되고, 강한 산성이 되면 세균은 사멸하게 된다. 산장법은 식품의 저장방법이기도 하지만 식품에 적당한 산미를 더해줌으로써 맛과 향미를 증진시키기도 한다.

❖ 방법

유기산에 적당한 당류 및 기타 향미료를 첨가하여 새콤달콤한 맛이 나도록 하여 오이 등을 넣어 피클로 만들거나 음료에 직접 산을 첨가하기도 한다. 맛의 개선과 보존효과를 누릴 수 있다.

(7) 훈연(smoking)

❖ 훈연법

소금에 절인 수조육류(獸鳥肉類)를 훈연하여 건조시키는 가공법으로 맛을 증진시키기도 하지만 그 보존성을 높여주기도 한다.

- 원리 : 떡갈나무나 벚나무 등을 태워 나오는 연기를 식품에 쏘이면, 식품 중 수분이 제거되고 훈연성분이 식품에 침투하여 특유한 향미가 식품에 배게 된다. 또한 연기 중에 포함되어 있는 포름알데하이드, 페놀 등에는 살균력과 방부력이 있어 식품에 보존성을 부여한다.

❖ 훈제품

연어, 햄, 베이컨, 치킨, 달걀 등의 육류식품 위주이지만 현재 훈연은 식품의 보존보다는 향미의 증진에 그 중점이 있다.

❖ 종류 및 방법

훈연법은 육류나 어류의 저장성을 높이는 데 가장 오래전부터 사용되어 온 저장방법으로서, 연기에 함유되어 있는 화학물질이 방부제 역할을 할 수 있도록 하는 방법에 따라 냉훈법, 온훈법, 열훈법, 액훈법, 전훈법 등으로 나누어 설명할 수 있다.

훈제품은 훈연 중의 건조작용에 의해 고기를 오래 보존할 수 있게 되는데, 초기에는 고기나 생선에 연기를 쐬어 보존기간을 늘리는 가공방법으로 활용되었으나 현재는 훈연법을 통해 원재료의 풍미를 높이고 부가가치를 높인 상품으로서 판매되고 있으며, 연어 등의 생선, 돼지고기와 쇠고기, 햄, 베이컨, 소시지 등이 대표적이다.

훈연법	방법	비고
냉훈법 (cold smoking)	• 염분에 강하게 절인 원료육을, 40℃ 이하의 저온에서 3~4주일 정도 건조 • 15℃ 이하에서는 건조가 어렵고, 30℃ 이상에서는 부패하기 쉬우므로 계절적인 영향을 받음. 육류, 햄, 소시지류	• 완성 시 수분 35% 이하로서 염분이 강하고 단단하기 때문에 온훈법으로 만든 것보다는 맛이 약함
온훈법 (hot smoking)	• 연어나 청어, 굴 등을 소금에 절여 수분 제거 및 건조 후 50~70℃에서 5~20시간 정도 훈연	• 수분함량이 50% 이상으로 육질이 부드럽지만 냉장보관해야 함
열훈법	• 육류 및 햄, 소시지는 100~120℃의 열훈법을 이용	• 육제품의 발색이 좋고, 훈연시간이 짧아 영양 손실이 적음
액훈법 (liquid smoking)	• 목재에서 얻은 목초액(木醋液)을 재증류하여, 유효성분이 많은 액체를 만들어 엷게 희석하여 소금을 섞은 액훈제에 재료를 담근 후 건조하는 방법	• 가공공정이 용이하고 갈색으로 약하게 착색됨 • 하지만 떫은맛 등으로 인하여 풍미가 다소 떨어짐
전훈법 (electrostatic smoking)	• 고전압으로 전기를 띤 연기의 입자를 단시간에 어육류에 흡착시키는 방법	• 수분이 많아서 보존성이 낮고, 맛이 떨어짐

(8) 진공 및 가스치환

❖ 원리

산소를 필요로 하는 호기성 미생물에는 산소를 제거해 주고, 반대로 공기가 있으면 잘 자라지 못하는 혐기성 미생물에는 산소를 공급해 준다.

❖ 종류 및 방법

종류	방법	비고
가스치환	• 산소 제거를 위해 공기를 질소, 이산화탄소 등으로 치환하는(바꾸는) 방법	• CA 저장처럼 과일 등의 저장 시 이산화탄소의 농도를 높여 호흡작용을 억제하여 저장성을 높이는 것
진공포장	• 플라스틱 필름 등으로 밀착하여 진공상태를 유지시키는 것	• 치즈의 왁스코팅 • 어육류의 필름코팅
진공포장	• 가공식품의 공기를 제거하여 밀봉한 후 가압 살균하여 처리함	• 병조림, 통조림
진공포장	• 가열조리된 식품을 필름으로 진공 밀봉하여 고온살균한 것	• 레토르트식품
탈산소제	• 식품의 포장 속에 옥시다아제 등의 탈산소제를 넣어 산소를 흡수시키는 것	• 호기성미생물과 지방질의 산화를 방지 • 김, 과자 등

(9) 방사선 조사

❖ 정의

식품의 저장성을 높이기 위하여 식품에 방사성동위원소에서 방사되는 방사선(γ선·β선·X선 등)을 조사하여 처리하는 방법으로, 식품의 발아가 억제되고, 미생물의 살균 및 살충 효과가 큰 것으로 확인되고 있다. 이와 같이 식품의 저장기간을 늘리기 위해 방사선을 조사(쏘이게 함)한 것을 방사선 조사식품이라고 한다.

❖ 원리

감자가 저장 중에 싹이 터서 폐기 처분되는 것을 방지하기 위하여 그 방안을 모색하던 중, 수확 후 바로 γ선을 쏘이자 8개월 동안 감자에 손상 없이 발아를 억제시킬 수 있다는 것을 발견하게 됨. 1958년 소련(현 러시아)에서 최초로 감자의 방사선 조사를 허가

발전

1976년까지 19개국에서 25개 품목이 허가되었고, 1980년에는 WHO(세계보건기구)에서 일정기준 이하의 방사선 조사는 안전성에 문제가 없다고 발표한 것이 계기가 되어 각 나라에서 실용화되고 있다.

허가된 품목

감자 외에 양파·곡류·건조과일·딸기·양송이·생선·닭고기 등

❖ 장점

식량자원의 장기적 안전성 확보 및 물류유통의 편이성

❖ 문제점

방사선의 조사로 인하여 유전자에 과도한 돌연변이가 일어나서 기형이 나올 확률이 높아지게 되며, 성체에 작용하면 세포가 죽거나 암이 발생하기도 한다. 따라서 모든 식품에 적용할 수 없는 한계성과 그 부작용의 범위가 연구 중이기 때문에 아직까지 논란의 소지가 많은 저장방법이다. 따라서 이에 대한 판단은 소비자 각자의 몫

으로 돌아갔으며 이를 위하여 조사 처리된 식품의 포장이나 용기에는 반드시 지름 5cm 이상의 조사도안을 표시하여야 한다.

❖ 국내 방사선 조사식품

감자, 양파, 마늘, 밤, 생버섯 및 건조식 품, 건조향신료, 가공식품 제조 원료용 건 조식육, 어패류 분말, 된장, 고추장, 간장 분말, 조미식품 제조 원료용 전분, 가공식 품 제조 원료용 건조채소류, 건조향신료 및 이들 조제품, 효모, 효소식품, 알로에분말, 인삼(홍삼제품)제품류, 2차 살균이 필요한  환자식, 난분, 가공식품 제조 원료용 곡류 · 두류 및 그 분말, 조류식품, 복합조미식 품, 소스류, 분말차, 침출차 등 총 26개 품목

냉장고와 냉동고

일반적으로 냉장고의 온도는 5℃ 내외이며, 냉동고는 보통 −20℃ 정도이고, 특수한 경우(육류 등) −40℃나 −70℃(냉동 참치류 등)까지도 내려간다.

우리가 일상생활 속에서 냉장고나 냉동고를 과신하는 경우가 있다. 결론적으로 말하면 냉장고나 냉동고는 식품의 변질을 지연시키거나 잠시 억제시키는 것일 뿐, 식품의 선도를 높이는 기능은 갖고 있지 않다는 것이다.

그런데 문제는 먹다 남은 음식이나 조리하다 남은 식재료 등을 대충 비닐봉지에 담아 냉장고 혹은 냉동고에 넣고 몇 달 이상씩 저장하면서, 그 품질의 저하에 대한 우려는 전혀 하고 있지 못할뿐더러 그 존재여부조차도 까맣게 잊어버리고 만다는 것이다. 한참 후에 발견하고는 아무렇지도 않게 데워서 먹기도 하는 경우도 많은데 참으로 안타까운 일이 아닐 수 없다.

먹다 남은 음식은 이미 사람의 입과 손과 포장재를 통해 오염되어 있으므로 냉장고 안에서 하루 이상 두는 것은 바람직하지 못하며, 조리하다 남은 해동된 육류 등을 다시 냉동고에 넣거나 하면 품질이 상당히 저하되거나 오염될 가능성이 높다. 밀봉되지 않은 경우 저장 중 건조해지고, 분량이 작거나 불투명한 비닐로 인하여 인식하기 어려워 장기 저장됨으로써 변질될 우려도 있다.

다시 말하거니와 냉장고나 냉동고는 음식을 신선하게 만드는 것이 아니고, 미생물의 증식을 억제시키며 잠시 보관만 해둘 수 있는 곳일 뿐이다. 따라서 냉장고에 장기 저장하는 것은 지양해야 한다. 말이 나온 김에 오늘 집에 가서 냉동실에 있는 것들을 모두 꺼내보자. 생소해 보이는 것들은 오래된 것이니 일단 버리고, 먹을 만해 보이는 것들은 투명하게 밀봉하였다가 가급적 빨리 이용해 보도록 하자. 이왕 하는 김에 냉장고에 있는 것들도 모두 꺼내어 냉장고 청소를 한번 해보자. 부모님께서 신통하다고 칭찬해 주실 것이다.

Remind

1. 식품은 상온에서 변하게 되어 있다. 그 변하는 속도를 늦출 수 있는 방법을 나열해 보시오.

2. 방사선 조사식품에 대한 각자의 의견을 기술해 보시오.

3. 집에 있는 냉장고와 냉동고에 들어 있는 것들을 모두 꺼내 청소하고 다시 정돈하시오.

Introduction to
Food Science

기능성
식품

13

Chapter

1. 기능성 식품의 의미를 배우고 그것이 지금 왜 인기가 있는지 생각해 봅니다.
2. 기능성 식품의 기능과 그 종류를 알아보고 이해하도록 합니다.

Chapter 13 기능성 식품

1. 기능성 식품의 정의

❖ 정의

기능성 식품(functional foods)이란 식품성분이 갖는 생체방어, 생체리듬의 조절, 질병의 예방과 회복, 그리고 노화억제 등의 생체조절기능을 충분히 발휘할 수 있는 식품을 말한다.

❖ 조건

- 생체조절의 대상이 확실해야 한다.
- 목적 달성을 위한 기능성 인자를 보유하고 있어야 한다.
- 기능성 인자의 생체작용이 과학적으로 해명 가능해야 한다.
- 섭취 시 기대한 기능이 발현되고 상관성이 입증되어야 한다.
- 안전성이 확보되며, 일상적인 섭취가 가능해야 한다.

동충하초   누에

2. 기능성 식품의 기능

- 건강기능성 식품의 기능은 크게 3가지로 설명할 수 있다.
    - 1차 기능은 식품 중에 있는 영양소가 인체에서 작용하는 기능으로 '영양성'이라고 한다.
    - 2차 기능은 식품 중의 특수한 성분이 인체의 감각에 영향을 미치는 기능으로 '수용성'이라 한다.
    - 3차 기능은 식품에 의한 생체의 리듬이 조절되어 신경의 각성과 진정 및 면역체계의 조절에 관여하는 기능으로 '생체조절 기능'이라고 한다.

❖ 건강기능성 식품의 기능성 분류

대분류	중분류	소분류
질병예방	면역기능 순환기 조절 치과 구강 혈당 조절	알레르기, 면역부활 동맥경화 방지, 혈압조절, 항혈전, 콜레스테롤 저하, 세포활성 구취 제거, 항충치 혈액점도, 혈당저하, 당질분해
질병회복	대사 개선 조혈기능	호르몬 유사기능, 페닐케톤뇨증, 신경, 근육, 관절 관련 혈소판 응집능력, 골수세포 증식
생체조절	대사 개선 비만 방지 흡수 조절	뇌기능, 간기능, 체질의 개선, 알코올 대사, 스트레스 해소 식욕억제, 지방산 축적 조절, 정장효과 영양소 흡수촉진, 배설촉진, 자양강장, 운동능력 향상
노화억제	노인성 특이질환	근육증진, 골다공증, 신경통, 시력보호, 과산화지질 생성억제

(1) 생체방어 작용

임파계를 자극하거나 면역을 강화하여 생체의 방어력을 강화시키는 것을 의미한다.

❖ 제암제

구름버섯에서 얻는 크레스틴(crestin, PSK)은 제암제로 사용되고 있다.

❖ 항암제

표고버섯에 들어 있는 렌티난(lentinan), 치마버섯(schizophllum commune Fr.)의 시조필란(schizophyllan), 빵효모의 이스트 글루칸, 각종 해조류에 들어 있는 다당류 등의 항암작용 역시 인정받고 있다.

❖ 면역제

강낭콩, 작두콩, 대두, 감자 등에 함유되어 있는 렉틴(lectin, 식품성 백혈구 응집제)도 면역제를 활성화시킨다.

구름버섯	표고버섯
강낭콩	대두

(2) 생체리듬의 조절

식품 중의 생체조절인자로는 여러 가지 호르몬류, 소화효소 및 그 저해제, 단백질이나 다당류 등의 생리활성 고분자 성분, 항산화 성분 등의 저분자 생리활성 성분 등을 들 수 있는데, 특별히 모유의 초유에는 여러 가지 생리활성 조절인자가 고농도로 존재하기 때문에 신생아의 성장에 큰 영향을 미친다고 한다.

❖ 식품의 생체조절기능

생체조절기능	용 도
생체의 방어작용	면역 증강, 암의 제거
질병의 예방과 회복	당뇨, 고지혈증, 고혈압 등의 예방 및 치료
생체리듬 조절	호르몬 작용
비만 방지	소화 억제, 에너지 소비촉진, 저칼로리 식이
노화 억제	항산화제로 과산화물 제거

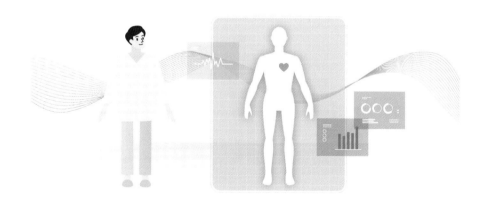

(3) 질병의 예방 및 회복기능

주로 성인병(고혈압, 당뇨병)에 효과가 있는 식품이 질병의 예방효과가 있다.

(예) 페닐케톤뇨증(phenylketonuria) 환자를 위하여 페닐알라닌의 농도가 낮고 맛이 나쁘지 않은 식품이 속속 개발되고 있다.

그 밖에 당뇨병, 고지혈증, 고혈압 등의 치료와 예방에도 식사가 대단히 중요한 역할을 한다.

(4) 노화의 억제기능

최근 노화의 원인 가운데 하나로 과산화지질의 증가가 지적되고 있다.

비타민 E 등은 노화를 억제하는 기능이 있는 것으로 알려지고 있는데 과산화지질 식품 등이 이에 속한다.

비타민 C, E 등 활성산소를 소거하는 물질을 투여하면 수명연장에 효과가 있음이 확인되고 있다.

3. 기능성 식품의 성분과 효과

(1) 식이섬유(dietary fiber)

❖ 정의

식이섬유란 식물에 함유되어 있는 셀룰로오스나 펙틴처럼 인간의 소화효소로는 소화되지 않는 식품 중에 함유된 난소화성 성분을 말하는데, 소맥의 껍데기 등 곡류의 외피나 배아, 채소, 과일, 두류, 감자류 등에 많이 포함되어 있다.

❖ 효과

식이섬유 자체는 영양적 가치를 전혀 가지고 있지 않기 때문에 과거에는 별로 중요하게 여겨지지 않았으나, 최근 들어 콜레스테롤을 억제하여 동맥경화증을 예방하고 장내의 불필요한 노폐물을 제거해 주는 정장효과가 밝혀져 제6의 영양소로 평가되고 있다.

❖ 이용

식이섬유는 푸딩이나 젤리에 겔화제로 이용되고, 잼이나 소스의 점도를 개선해 주는 증점제로도 이용되고 있다. 또한 마요네즈 등의 유화안정제 및 제과제빵 제품의 노화방지제 등 식품가공에 첨가제로써 폭넓게 이용되고 있다.

❖ 식이섬유의 분류

분류	식이섬유	함유식품
수용성	해조류	다시마, 미역, 청각, 우뭇가사리(한천)
	펙틴	감귤류, 사과
	식물검성 점질물	곤약만난, 구아검(아이스크림에 호료로써 첨가)
	합성다당류	폴리덱스트로오스(polydextrose)−화이브미니 드링크 성분
불용성	리그닌, 셀룰로오스	현미, 우엉, 채소류의 줄기
	키틴	새우, 게 등 갑각류의 껍질

◈ 식이섬유의 기능 및 효과

효과	기능
정장작용	• 유해물질의 체내 흡수 억제와 배설 촉진효과로 분변량이 많아져 변비 해소 • 장내 균총의 개선으로 대장을 포함한 질병 발병률의 감소로 대장암의 예방
혈당치 조절효과	• 당분의 흡수지연으로 혈당상승이 억제되므로 인슐린의 분비도 억제되어 결국은 당뇨병 예방에 효과가 생기는 것
혈중지질 조절효과	• 혈액 중 콜레스테롤의 상승을 억제(콜레스테롤 체내 흡수 저해 및 배설)하여 지질대사에 영향을 줌으로써 중성지질도 저하시켜 고지혈증 예방 및 비만 방지 효과 • 고혈압과 동맥경화 예방 • 담즙산 흡착으로 담석증 예방

(2) 키틴(chitin) 및 키토산(chitosan)

❖ 정의

키틴은 게나 가재, 새우 껍질에 들어 있는 다당류로서 이것을 탈아세틸화하여 얻어낸 물질을 키토산이라 하며, 이 두 가지를 총칭하여 키틴질이라고 한다. 1811년 프랑스의 자연사학자 브라코노가 버섯에 함유되어 있는 키틴을 발견한 것이 시초이며, 1859년 화학자 루게가 키틴을 아세틸화하여 새로운 물질로서 사용 가능하게 하였고, 이후 1894년에 과학자 후페 자이라가 이를 '키토산'이라 이름지어 세상에 알렸다.

❖ 특성

노폐화된 세포를 활성화하여 노화를 억제하고, 면역력을 강화해 주며, 질병을 예방해 준다. 생체의 자연적 치유능력을 활성화하는 기능과 함께 생체리듬을 조절해 주는 것으로 알려져 있으며 지상에서 대량으로 이용 가능한 최후의 생물자원으로써 관심을 받고 있다.

❖ 효능

체내의 유해 콜레스테롤을 흡착 · 배설하는 역할을 하고, 암세포의 증식을 억제시키며, 혈압상승의 원인이 되는 염화물이온을 흡착하여, 장에서의 흡수를 억제한 뒤 바로 체외로 배출시킴으로써 혈압상승 억제 및 장내의 유효세균을 증식시킴으로써 균총을 활성화시킨다.

❖ 함유식품

키틴과 키토산은 우리가 흔히 먹는 표고버섯 등의 균류의 균사나 빵 효모의 세포벽에 함유되어 있다. 또한 게, 새우 등 갑각류의 껍질, 메뚜기 등 곤충의 표피, 오징어, 조개 등 연체동물의 골격이나 껍질 등의 구성성분이기도 하다.

❖ 성질

키틴, 키토산은 무색, 무미, 무취로 물에 불용이므로 보습성, 유화성, 증점성이 셀룰로오스보다 우수하여 과자, 면류, 된장, 아이스크림, 치즈 제조 등 식품가공에 널리 이용되며, 제빵 시 첨가하면 빵의 팽화력을 증가시키기도 한다.

❖ 키틴질의 효과와 기능

효과	기능
항혈전성과 지혈작용	키틴은 혈액응고와 관련된 효소를 활성화시켜 혈액응고를 촉진하고, 혈전이 생기는 것을 방지하며, 생체 흡수성이 있어 인공피부나 흡수성 봉합실로 이용되고 있다.
면역 증진작용	간 기능을 개선시켜 주며, 키틴의 분해물인 키토올리고당의 항종양 활성 및 면역증강활성이 보고되었고, 면역 증진효과를 나타낸다.
항암작용 (항종양성)	항종양활성으로 돌연변이를 억제시키거나 암세포의 증식을 방지함으로써 암을 예방하는 효과가 있다.
콜레스테롤 강하작용	체내에 과잉된 유해한 콜레스테롤을 흡착하여 체외로 배설시킴으로써 탈콜레스테롤 작용을 한다.
비피더스균 증식작용	섭취된 키틴과 키토산은 난소화성이지만, 장내 균층을 변화시키고 소화되어 키토 올리고당을 생성시킨다. 이것이 장내 유효미생물인 비피더스균의 생육을 촉진하여 장의 운동과 활동을 활성화시킨다.
항균, 항곰팡이 작용	균류의 균사 세포벽을 구성하고 있던 다당체로서 일반식품의 항균제 또는 절임식품 등의 보존제로 이용되고 있다.
식품 부패 예방	절인 채소에 첨가 시 부패를 예방하여 저장성을 향상시킬 수 있었다.

(3) 올리고당(oligosaccharide)

❖ 정의

탄수화물로부터 유래한 기능성 당 중 하나로 올리고당은 단당류가 2~10개 정도 결합된 것이고, 그 크기가 탄수화물 중 중간 정도에 해당하는 물질로서, 식품의 맛 등의 물성에 미치는 영향이 적기 때문에 식품가공에 널리 이용할 수 있다는 장점을 가지고 있다.

❖ 특성

비발효성, 보습성, 난흡습성, 청량감의 부여, 침투성, 수분활성 저하작용, 감칠맛의 보강, 변색방지 등의 특성으로, 가공 시 설탕 등의 대체품으로 소량 첨가하여 제조적인 문제점을 동반하지 않으며, 천연물로 인식되어 새로운 감미료 소재로서 주목을 받고 있다. 최근에는 청량음료, 빵, 잼, 요구르트 등 여러 가지 식품에 첨가되어 상품의 부가가치를 높이고 관심을 끌며 이용되고 있다. 공업적으로 이용되는 올리고당의 특성과 기능성은 다음과 같다.

❖ 올리고당의 특성과 기능성

올리고당의 특성	이용되는 기능성
당분 없이 단맛을 냄	체내에서 대사가 어려워 칼로리가 되지 않음
인체에 무해한 감미료	설탕을 대체하므로 충치를 예방
장내 소화효소에 분해되지 않음	대장까지 도달하여 비피더스균의 먹이가 됨으로써 장내 비피더스균의 증식인자로 작용함

❖ 올리고당의 종류와 원료

현재 가장 많이 사용되는 프락토올리고당은 우엉, 양파, 아스파라거스, 바나나 등에 미량 포함되어 있으며, 이외에도 갈락토올리고당, 대두올리고당 등이 인공적으로 제조되고 있다. 대부분의 올리고당은 식품 체내 구성성분으로 존재하지만, 최근 들어서는 세균이 생산하는 효소를 이용하여 설탕, 유당, 포도당 및 전분으로부터 얻어내고 있다.

올리고당을 식품원료에 따라 분류하면 다음과 같다.

올리고당의 식품원료	올리고당의 종류
전분	직쇄올리고당, 분지올리고당, 환산올리고당
전분, 설탕	전이생성올리고당
설탕	프락토올리고당, 파라티노오스
락토오스	이성화락토오스
자일란	자일로올리고당
한천	아가로올리고당
키틴	키토올리고당
이눌린	프락토올리고당
대두	대두올리고당

❖ 효과 및 식품적 기능

올리고당을 커피나 우유 등에 혼합하여 섭취할 때 설탕이나 꿀 대신 사용하면, 맛은 더욱 부드러워지고 또한 칼로리가 낮아서 대체식품 겸 다이어트 식품으로써 손색이 없어진다. 또한 여러 가지 요리에 설탕 대신 이용됨으로써 충치 등 설탕의 과잉 사용으로 발생할 수 있는 질병이나 질환들을 예방할 수 있다.

단순히 대체품의 영역을 벗어나 올리고당과 혼합된 식품은 장내 비피더스균의 증식 등 올리고당의 기능성을 그대로 이용할 수 있기 때문에, 혼합 첨가된 모든 식품들이 더불어 기능성 식품이 될 수 있는 것이다. 예를 들면, 간장에 첨가하여 올리고당 간장이 되면, 올리고당의 기능성을 가진 간장이 될 수 있다는 것이다.

효과	식품적 기능	대상식품
대체식품	설탕이나 꿀의 감미 대체	커피, 우유, 이유식, 요리 이용
기능이 첨가된 식품	첨가 시 올리고당 기능성 식품	아이스크림, 요구르트, 불고기, 간장, 소주 등
다이어트 식품	저칼로리(1g당 1.5kcal)	혼합 첨가된 모든 식품

❖ 올리고당의 효과와 기능

올리고당의 기능은 단순하지만 그 결과가 복합적으로 일어나 여러 방면의 효과를 거둘 수 있다. 아래의 표는 올리고당의 기능성 효과들이다.

효과	기능
비피더스균의 증식효과	• 소화흡수되지 못해 대장까지 도달할 수 있는 올리고당은 비피더스균의 먹이가 되어 인체에 유익한 비피더스균의 증식인자로써 작용한다. • 고순도의 분지 올리고당 섭취 시 비피더스균의 증식효과는 훨씬 크다.
변비예방	• 식이섬유로서 수분을 흡수하고 장을 지나며 장 표면에 붙은 내용물들을 흡착하여 장의 연동운동을 촉진시켜 줌으로써 변비를 예방할 수 있다.
충치예방	• 단맛을 내는 당분이지만 충치 원인균의 영양분으로 거의 이용되지 않아 충치 발생확률이 낮다.
병원균의 감염예방	• 유산과 초산을 생성하여 장내의 pH를 떨어뜨려 병원균의 증식 억제로 병원균 감염을 예방할 수 있다.
관상심장질환의 예방효과, 암예방, 노화 및 우울증 예방	• 체내 지질대사 개선 효과. 혈장 콜레스테롤을 낮추어 관상심장질환의 예방에 효과가 있다. • 대장의 운동을 활발하게 해주어 대장암을 예방하며, 신진대사가 활발해져 노화 및 우울증 예방에도 효과가 있다.

(4) 당알코올(sugar alcohol)

❖ 정의

당을 환원시켜 모든 산소분자를 수산기로 전환시킨 다가알코올이다. 적조류에 다량 함유되어 있으며 또한 곰팡이 및 효모에 많이 함유되어 있어 생물공학적 방법으로 생산이 가능하다.

❖ 특성

자연계에 상당량 존재하여 식품으로 섭취되고 있으며, 소량을 섭취해도 인체 내에서 효과적으로 작용하기 때문에 기능성 식품으로 알려지게 되었다.

❖ 당알코올의 종류와 기능

종류	기능
에리스리톨 (erythritol)	약 80%의 감미도에 상쾌한 감미를 가지고 있으며, 거의 에너지화되지 않으므로 감미식품. 식품가공원료로 사용되고, 거의 소변으로 배출되어 다이어트 식품으로 인기
만니톨 (mannitol)	분말제품이 개발되어 초콜릿, 분말감미료, 추잉껌, 즉석수프로 이용. 감미도는 85~95%, 구강세균에 의한 발효 없음
환원 파라티노오스 (paratinose)	설탕에 가까운 감미. 충치예방. 열량은 설탕의 50%로 비만예방에 도움을 줌
소르비톨(sorbitol)	물엿을 수소 첨가하여 얻은 것으로 저감미, 내열성, 보습성
락티톨(lactitol)	내열성, 내산성이 우수. 갈변되지 않아 잼, 과자류 등에 이용

(5) 알긴산(alginic acid)

　미역이나 다시마 등의 해조류를 물에 넣으면 흐물흐물해지는데 바로 이 성분이 알긴산이다.

　대부분이 칼륨, 나트륨, 칼슘과 결합하여 존재하며 알긴산이 장에 들어가면 무기물과 쉽게 결합한다.

　알긴산은 소화되기 어렵고 장에서는 흡수되지 않는다.

　알긴산칼륨은 알긴산나트륨이 되어 변과 함께 배설. 소화관 내에서 일종의 교환반응이 이루어지는 것이다.

❖ 알긴산의 효과와 기능

효과	기능
약물로서의 작용 (위산 분비억제)	소화관에 들어가면, 위산과 섞인 음식물이 위벽이나 식도에 접촉하는 것을 막는다.
공업용	디저트 푸딩이나 젤을 만드는 데 사용. 아이스크림 속에 큰 결정이 생기는 것을 방지

(6) 이소플라본(isoflavone)

이소플라본은 대두에 함유되어 있는 플라보노이드(flavonoid)의 일종이고 다이드제인(daidzein), 제니스테인(genistein), 글리시테인(glycitein)이 주 배당체로 함유되어 있다.

❖ 이소플라본의 효과와 기능

효과	기능
골다공증 예방효과	대두 이소플라본의 뼈 대사 개선효과의 작용기작은 대두 이소플라본이 가지는 에스트로겐(estrogen)의 작용에 의한 것으로 사료되며 뼈 형성작용을 촉진하고 뼈 파괴작용을 억제하는 양쪽 작용이 명백해지고 있다.
항암효과	이소플라본은 유방암 억제효과가 있으며 에스트로겐 활성을 유지하고 고농도에서는 유암세포의 증식을 억제한다는 보고가 있다.
심혈관계질환 예방효과	대두 이소플라본이 혈중 콜레스테롤 대사를 개선하는 것으로 보고되고 있다. 이소플라본은 LDL의 산화를 방지하는 것으로 알려지고 있으며, 관상동맥질환이나 심장병의 위험을 저하시키는 것으로 알려져 있다.
갱년기장애의 완화효과	이소플라본은 여성 호르몬과 비슷한 작용을 하기 때문에 갱년기장애의 완화에 큰 기대를 모으고 있다.

(7) 프로폴리스(propolis, bee glue, 봉교)

❖ 개요

대부분의 식물들이 자신(잎, 꽃, 열매 및 새싹)을 보호하기 위하여 분비하는 항균성, 방수성, 절연성을 가진 수지성의 화합물을 꿀벌들이 채취하여 그들 타액의 효소와 혼합하여 만든 황갈색 또는 암갈색의 수지상의 물질로 여러 가지 약리효과와 생리활성을 지닌 것으로 알려져 있다.

❖ 효과와 기능

효과	기능
항산화제	• 플라보노이드에 의하여 수산기(hydroxyl goup)가 많을수록 효과가 증가 • 에탄올 추출물을 육제품에 첨가 시 인공 보존제보다 산패 방지에 효과적
천연 항균제	• 세균, 효모, 곰팡이 등 광범위한 미생물에 효과적 • 사람의 암세포에 효과적인 것으로 밝혀짐
충치 예방효과	• 치약이나 구강 청정제에 혼합할 경우 방부효과, 플라그의 축적을 막아 구강 건강 유지
국부 마취효과	• 피노셈브린(pinocembrin)과 카페인산 유도체 화합물들의 국부 마취효과
세포 성장 촉진작용과 항염효과	• 상처 치료제로 피부병 치료에 효과적 • 항염효과가 탁월, 염증질환 및 치주염에 국부 마취효과 • 뼈의 재생효과
항암작용	• 종양세포(tumour cell)에 대하여 독성성분 중 카페인산 유도체 화합물이 세포 증식 억제효과
항궤양효과	• 쥐를 이용한 실험에서 루테올린(luteolin), 아피게닌(apigenin) 성분이 위궤양, 구강궤양 발생 억제효과가 있는 것으로 밝혀짐

(8) 타우린(taurin)

❖ 개요

아미노산의 일종으로 문어(0.52%), 오징어(0.35%), 새우, 조개류 등에 많이 들어 있으며, 우리 몸에 많은 아미노산 가운데 하나로 체내에서 합성되지만 그 양이 매우 적고, 물에 잘 녹지만 에탄올에는 녹지 않으며 녹는점은 305~310℃이다. 타우린은 혈압 조정효과, 간질병에서 진정제로서의 역할, 혈중 콜레스테롤 강하효과와 더불어 과도한 신경전달을 억제하는 등의 효과가 있다.

❖ 효과와 기능

효과	기능
혈압 조정효과	• 혈압을 정상 상태로 유지 및 조절작용
간질병에서 진정제로서의 역할	• 간장기능을 강화하는 작용 • 담즙산의 주요 성분이 됨
혈중 콜레스테롤 강하효과	• 혈액 중의 유해콜레스테롤(LDL; Low density lipoprotein, 저밀도지단백)을 줄이고 인체에 유익한 콜레스테롤(HDL; High density lipoprotein, 고밀도지단백)을 늘리는 작용
신경전달 억제효과	• 시각신경과도 관계 • 모유에도 많이 들어 있으며 어린이의 성장발육, 신경과 뇌의 발달에 필요

(9) 사포닌(saponin)

❖ 개요

식품성분으로 광범위하게 분포된 배당체(글리코시드, 당+비당류)이다. 물에 용해될 때 거품이 생기기 때문에 사포닌이라는 이름이 붙었다.

❖ 특성

뿌리, 줄기, 잎, 껍질, 종자 등에 많이 들어 있고, 강심제와 이뇨제로서 강한 작용이 있기 때문에 한방에서 사용한다.

사포닌은 무정형의 분말이며 물, 에탄올, 그리고 다른 유기용매에 녹지 않는다.

당 이외의 성분인 아글리콘은 사포게닌이라 하며 트리테르펜계(감초의 뿌리와 줄기가 대표적)와 스테로이드계(참마과, 석산과, 백합과 식물에 분포)의 2종류가 있다.

표면활성제로 작용하여 세포막구조를 파괴하기도 하고 물질의 투과성을 높이기도 한다. 이것은 적혈구 가운데 있는 콜레스테롤과 결합하여 적혈구를 파괴하는 작용(용혈작용)이 있으므로 신중하게 사용할 필요가 있다. 세정제, 에멀션화제, 기포제로 많이 사용된다.

함유식품으로는 대두, 팥, 시금치, 도라지, 인삼 등이 있다.

(10) 유산균

예전부터 유목민들이 발효음료와 발효식품의 제조에 일반적으로 이용했던 미생물이다.

유산균은 인체의 장 속에서 유해균을 물리치는 성질이 있어 우리에게 도움을 주는 유익한 균이다. 유산균은 음식물의 소화를 도와주고 변비를 예방하는 역할을 하며, 신체를 건강하게 유지하는 데 도움을 주어 질병을 예방하는 효과가 있다.

유산균이 장 속에서 활발하게 활동하게 하기 위해서는, 유산균의 먹이가 되는 과일이나 채소를 많이 먹어주어야 한다. 그리고 운동을 하면 유산균이 활발하게 활동할 수 있다.

그리고 유산균이 들어 있는 김치나 요구르트를 다른 음식과 함께 먹어야 장까지 살아 들어갈 수 있다고 한다.

❖ 유산균의 효과와 기능

효과	기능
소화 흡수 및 향상작용	• 단백질과 지방의 소화 · 흡수를 향상시킴
무기질과 비타민의 흡수 증진	• 인과 칼슘, 철과 같은 무기질의 흡수 증진과 체내 보유를 증가시킴 • 유산균은 약간의 비타민 B군과 비타민 K를 만듦
알레르기 반응에 효과	• 우유에 대한 알레르기 반응을 낮춤
정장작용	• 대장의 가스 배출과 부종을 막고 장관 내에서 병원성 세균을 억제

❖ 기능성 식품의 이해

이상과 같이 살펴본 기능성 식품 외에도 더욱 많은 기능성 식품들이 전국적으로 그리고 세계적으로 많이 이용되고 있다. 따라서 좀 더 폭넓은 공부를 통하여 식품의 기능성에 대한 정보를 습득해야 할 것이며, 이의 적절한 사용을 통하여 기능성 식품의 조리개발이 가능할 것으로 사료된다. 하지만 식품을 조리하기 위해 반드시 알아야 할 것은 기능성 식품에 너무 치중하여 편협하게 이용함으로써, 다른 일반적인 식품들을 경시하면 곤란하다는 것이다.

기능성 식품은 자기 고유의 기능이 강하기는 하지만 그것만으로 인체가 건강을 유지하기는 어렵기 때문이다. 즉 기능성 식품은 영양적으로 또는 생리적으로 건강이 불균형하거나 그러한 가능성이 있는 사람들에게는 약보다 좋은 식품이 되겠지만, 아무나 많이 섭취하여 좋은 효과를 볼 수 있는 식품이 아니라는 것이다. 다시 말하면 기능성 식품이라고 하여 마치 만병통치약으로 취급하여 한 가지 또는 몇 가지의 제한된 식품을 다량으로 장시간 이용하는 것보다는, 일반식품들과 같이 적당한 양을 골고루 섭취하는 것이 좀 더 바람직한 이용방법이라고 할 수 있다는 것이다. 아무리 좋은 식품이라 해도 한 가지 성분이 인체에 과량 섭취될 경우 건강에 더욱 심각한 문제를 야기할 수 있음을 간과하면 안 될 것이다.

식품을 조리하는 사람으로서 기능성 식품을 이용하고자 할 때, 의사의 심정으로 섭취할 사람의 건강정보를 알고 상황에 맞는 적절한 제품을 적정량 사용하는 지혜가 필요하다고 하겠다.

Remind

1. 기능성 식품의 종류와 특성을 간략하게 기술해 보시오.

2. 여기에 나타내지 않은 기능성 식품들을 다른 매체(인터넷 등)들을 이용하여 찾아
   보시오.

3. 가장 관심이 가는 기능성 식품을 선택하여 그것을 이용하여 개발 가능한 요리를
   예상하여 설명해 보시오.

Introduction to
Food Science

기타 식품

14

Chapter

1. 인스턴트식품, 냉동식품, 레토르트 파우치 식품 등에 대하여 알아봅니다.
2. 패스트푸드와 슬로푸드의 장단점을 이해하고 비교해 봅니다.
3. 이제껏 배운 단원을 마무리하면서 인류의 식생활이 앞으로 나아가야 할 방향을 각자 진
   지하게 생각해 보도록 합니다.

1. 인스턴트식품

(1) 인스턴트식품의 정의

❖ 인스턴트식품이란?

즉석 면류, 즉석 밥류 등 '즉석요리'라고 부르는 식품들을 말하며, 이러한 것들은 단시간에 손쉽고 간편하게 조리하여 먹을 수 있고, 저장이나 이동 등에 수월하도록 휴대하기 편리하게 만들어졌다. 간단하게 먹을 수 있도록 이미 복잡한 공정을 미리 거쳐서 만들어진 통조림 등의 포장식품, 분말식품, 건조 및 반건조 식품, 농축식품, 냉동식품 등이 이에 포함된다.

끓는 물을 붓거나 그대로 전자레인지 등에 데워서 완성시킬 수 있는 밥이나 즉석면류는, 각각 가열시켜 익힌 뒤 건조시킨 것으로 인스턴트식품 중 가장 많이 소비되고 있다. 통조림 등의 밀폐포장 식품으로는 카레, 수프, 스튜 등이 있고, 냉동식품으로는 크로켓, 만두류 등이 있다. 또한 건조된 식품으로는 프림, 분말주스, 커피, 홍차, 녹차 등이 있는데, 이러한 식품들 중에는 이전부터 유사한 형태의 것들도 있었지만 대부분은 인스턴트라는 이름으로 새로운 냉동 및 건조 기술에 의해 개발된 제품들이 많다. 특히 이와 같은 것들은 품질의 손상을 최소화하면서도, 간편한 조리과정을 통해 거의 원상태로의 복원이 가능할 정도로 제품이나 포장에 각별한 신경을 쓰고 있다. 그러면서도 식품 고유의 풍미를 잃지 않도록 향미증진과 포장재료, 조리법 등에 간편성을 추가하였고, 핵가족화, 24시간 근무조건, 여성의 사회참여로 인한 가사노동시간의 단축, 경제성 및 시간 단축성으로 인하여 그 수요가 나날이 늘고 있다.

(2) 인스턴트식품의 종류

인스턴트식품의 종류와 가짓수는 상당히 다양하고 많지만 식품의 가공상태 및 소비형태, 그리고 조리방법별로 분류해 보면 다음과 같다.

식품의 가공 상태별 분류	통조림, 병조림, 진공팩 포장	밥, 카레 등 각종 조미식품(레토르트 식품 포함)
	반건조 또는 농축식품	우동, 메밀국수, 기타 농축된 국물류
	건조식품	즉석 면류, 즉석카레, 인스턴트커피, 분말주스, 분말수프, 즉석수프 및 국 등
	냉동식품	햄버그스테이크, 떡갈비 등의 스테이크류, 만두류, 크로켓, 닭튀김, 치즈스틱, 팝콘치킨 등
소비형태별 분류	주식	각종 밥 및 면류, 단팥죽, 호박죽 등의 죽류, 시리얼류 등
	부식	카레류, 국물류, 수프류, 스테이크류
	기호품	커피, 홍차, 코코아, 녹차, 프림
	음료	천연과즙분말, 청량음료분말, 복합음료분말(레몬홍차 등)
조리방법별 분류	전자레인지(microwave oven)	각종 밥류, 스테이크류, 국물류
	팬 프라이(pan fry)	크로켓, 튀김만두, 스테이크류, 떡갈비
	딥 프라이(deep fry)	닭튀김, 크로켓, 치즈스틱, 팝콘치킨류
	보일링(boiling)	물만두, 라면, 우동, 스파게티 등 즉석 면류, 분말수프류
	내용물에 온수 첨가	컵라면, 인스턴트커피
	우유 첨가	시리얼류
	온수에 침지하여 가온 (포장 통째로)	카레, 수프, 국물류
	가수 용해	분말주스, 즉석수프, 분말 국류 등

(3) 소스

❖ 개요

소스란 서양요리에서 사용하는 액체 또는 반유동체 조미료의 총칭으로서, 그 시초는 고대로마로 거슬러 올라가게 되는데, 맥주와 육류를 같이 가열 조리한 것에서 시작되었다고 하며, 일본에서는 고등어, 청어, 정어리 등을 발효하여 얻은 액즙을 걸러서 그대로 혹은 물이나 기름, 식초 등을 섞어 조미료로 사용했었다
고 한다. 우리나라의 경우 소스보다는 국물문화여서 소스가 그다지 발달되지 못하다가 서구식 문화가 유입되면서 우스터소스(Worcester sauce)가 처음으로 사용되었고, 이것을 기본으로 하여 여러 소스들을 응용 개발해 왔던 것으로 보인다. 어원은 라틴어의 sal(소금)에서 나온 것으로 원래는 소금을 기본으로 한 조미용액이란 뜻이며, 세계 각국에서 조미료라고 하는 말의 머리에 's'자가 많이 붙어 있는 것은 이 때문이라고 한다.

예전의 조리사는 소스를 일일이 만들어 사용했었다. 그러나 요즘은 시중에 나온 소스를 사용하는 것이 일정한 맛을 내는 데 유리하고, 또한 인건비 절약효과가 있어서 제품을 구입해서 사용하는 경우가 많다.

대부분의 대학이나 직업학교 등에서는 각종 소스 만드는 기초 조리법을 알려주고 있지만, 실제 주방에서는 만들어 사용하는 경우가 드물다.

그래서 미래의 유능한 조리장은 시중에 나온 제품을 잘 활용하거나, 잘 배합하여 새로운 맛을 만들어내는 능력으로 인정받게 될 것이다. 그러나 기초를 알고 응용하는 것과 모르고 사용하는 것은 그 실력에서 많은 차이를 나타내게 된다.

❖ 종류

소스의 종류는 워낙 다양하고 시제품은 수백 가지 이상 유통되지만 여기서는 기본적인 골격으로 식탁용과 조리용 소스로 분류해 보았다.

식탁용	우스터소스	보통의 소스. 스테이크 등의 고기요리에 사용
	포크커틀릿 소스	우스터소스와 비슷하나 삶은 사과, 토마토 퓌레를 많이 사용
	생선 소스	타르타르소스. 생선 커틀릿에 사용
	칠리소스(chili sauce)	토마토 씨와 고추를 넣은 매운 소스
	타바스코 소스(tabasco sauce)	붉은 고추로 만든 매운 소스. 피자 등에 사용
	기타	토마토케첩, 마요네즈, 샐러드 드레싱 등
조리용	벨루테소스(velouté sauce)	백색 소스의 기본이 되는 것으로 부재료에 따라 고기요리, 생선요리에 적당
	아몬드소스(almond sauce)	삶은 요리 특히 채소요리에 알맞은 백색 소스
	슈프림소스	닭고기요리에 사용
	베샤멜소스(béchamel sauce)	백색 소스로서 채소 · 달걀 · 생선 · 새우 요리에 사용되며 크로켓의 재료
	토마토소스	적갈색의 소스로 생선튀김 · 국수요리 등에 널리 이용됨
	에스파뇰소스	에스파냐식 갈색 소스로 농후한 맛의 요리에 사용

2. 냉동식품

(1) 냉동식품의 개요

❖ 정의

냉동식품이란 식품을 냉동하여 장기간 보존할 수 있게 한 식품으로서, 특히 조리 냉동식품이란 농수축산물을 원료로 하여 선별, 세정, 전처리 과정을 거쳐 조미, 가공 및 가열 공정과 동결 또는 건조 및 포장하여 냉동 보관하고, 유통하여 소비되기까지 콜드체인으로 연결하여 소비자가 간편하게 조리하여 먹을 수 있도록 만든 제품을 말한다.

식품을 냉동하면 미생물의 번식이나 효소 등의 작용을 억제시켜 부패와 변질을 거의 정지 또는 지연시킬 수 있다. 이러한 원리를 이용하여 조리식품을 단기간 보존하면서 신선한 식품을 이용할 수 있도록 개발된 식품으로서, 최근에는 급속냉동법을 이용하여 영하 40℃ 이하의 저온으로 식품을 냉동시켜 식품조직에 있는 세포나 조직이 파괴되지 않도록 하며, 해동방법에 따라 조직이 파괴되어 생기는 드립(drip) 현상도 발생하지 않도록 하고 있다.

❖ 특성

냉동식품은 저온에서 보존되므로 비타민 등의 감소와 영양적인 손실은 적으나 냉동실은 건조하고 냉동 중 얼음결정이 승화되므로 식품이 건조되기 쉽다. 이러한 상황에 대비하여 저온에서도 잘 견딜 수 있는 내한성 플라스틱 필름이나, 생선은 글레이즈라고 하여 얼음층을 생선 표면에 덮는 방법을 사용하기도 한다. 또한 냉동실 내에서 지질의 산패 및 변색 등이 발생할 수 있으므로 가급적 −30℃ 이하, 단기간이라도 −15℃ 이하에서 보관하도록 한다.

(2) 냉동식품의 종류

냉동식품으로는 식품소재, 조리가공품, 동결선어패류, 동결육류, 조리냉동식품 등이 있으나 여기서는 과실류, 채소류, 축산물, 수산물, 조리식품 등으로 나누어보았다.

식품	특성	비고
과실류	• 과실류는 날것 그대로 냉동	• 반해동상태에서 식용, 또는 얼린 채 주스로 만든다.
채소류	• 채소류는 날것 그대로 냉동	• 해동법도 언 상태에서 급속히 가열하는 것이 좋다.
축산물	• 원형 그대로 또는 부분으로 나누어 냉동 • 냉해방지를 위해 진공포장	• 5~10℃의 비교적 낮은 온도에서 자연 해동 • 해동의 온도차가 커질수록 조직은 더욱 파괴되고 드립 발생
수산물		• 0℃ 이하에서는 얼음결정이 커지고 오히려 조직이 파괴되므로 주의 • 특히 날식품을 전자레인지로 해동하는 것은 금물
조리식품	• 냉동과 해동의 반복 금지	• 오븐 또는 전자레인지로 해동

3. 레토르트 파우치 식품(retort pouched food)

(1) 레토르트 파우치의 개요

◈ 정의

레토르트 파우치 식품이란 조리가공한 여러 가지 식품을 파우치(pouch; 주머니, 자루)나 성형용기와 같이 특별 제작한 용기에 넣어 밀봉한 후, 레토르트(retort; 고압가열살균솥)에 넣어 가열, 가압, 살균하여 공기와 광선으로부터 완전 차폐상태로 장기간 식품을 보존할 수 있도록 만든 가공 저장식품을 말한다. 레토르트 식품의 포장재료는 외부 쪽부터 폴리에스테르의 얇은 막으로 되어 있고, 중간층은 기체나 액체 차단을 위한 얇은 알루미늄박으로 되어 있으며, 내부 쪽으로는 폴리에스테르나 폴리에틸렌 막으로 붙여서 주머니 봉투를 만든다. 이것에 식품을 넣어 밀봉한 후 100℃ 이상에서 가열살균한 것이다. 공기 및 수분, 빛 등의 차단효과가 통조림에 못지않게 만들었으며, 열탕 또는 개봉하여 전자레인지 등에 넣어 데워서 먹을 수 있다.

◈ 특성

레토르트 식품은 포장재료 및 제품의 포장과정이 비교적 기술적이어야 하고, 비용도 많이 들지만 다음과 같은 좋은 특성이 있다.

- 캔 식품에 비해 부드럽고 가벼워 운반하기 편리하므로 유통이 용이하며, 제작비용이 절감될 수 있다.
- 외부 포장의 모양이나 디자인을 자유롭게 할 수 있으며, 취급이용 및 개봉, 그리고 사용 후 폐기가 간편하다.
- 식전 가온 시 단시간 가열이 가능하며, 외부의 빛과 수분, 빛 등을 차단하였으므로 식품의 맛과 성분의 변화가 없다.
- 저장 및 사용이 편리하여 일반식품으로도 사용하지만, 군의 전시용 비상식량, 급식용 도시락, 우주식품 등에도 이용되고 있다.

(2) 레토르트 파우치 식품의 종류

종류	내용
식품의 종류에 따라	카레, 죽, 짜장, 탕, 덮밥, 스파게티, 스튜, 미트볼
용기에 따라	레토르트 파우치(retort pouch) 식품, 레토르트 팩(retort pack) 식품, 투명 파우치, 불투명 파우치

TIP

레토르트 식품의 문제

레토르트용 파우치에서 환경호르몬이 검출된다는 보고는 아직 없지만, 외부케이스의 변형이나 작은 파손이 있을 경우 제품에 변형을 초래할 수 있다. 또한 환경호르몬의 미검출은 현재의 과학수준에서의 결론으로서, 미래의 분석기계에서 검출될 수 있는 가능성을 배제할 수 없다. 다만, 화학적인 포장소재가 강한 열탕 속이나 전자레인지의 마이크로웨이브 파장에 얼마나 견딜 수 있을까 하는 의문만 제기되고 있을 뿐이다.

그리고 레토르트 식품은 음식을 간편하게 빨리 먹을 수 있는 편리함은 있지만, 그 맛이나 향미가 식재료를 직접 조리해서 먹는 것과는 비교할 수 없다. 또한 각종 소스나 국물의 경우 직접 조리한 식품보다 훨씬 많은 양의 지방이나 나트륨이 함유되어 있다.

원료는 채소의 경우 대부분 중국산을 사용하며 고기도 수입고기를 사용하는데, 수입품이라는 것보다 문제가 되는 것은 원재료의 등급이나 품질인 것이다.

그래서 레토르트 식품은 평소에 즐겨 먹기보다는 어쩔 수 없는 상황에서만 이용할 것을 추천한다.

4. 패스트푸드

❖ 개요

패스트푸드란 주문하면 바로 즉석조리되어 빠르게 먹을 수 있도록 만들어주는 식품으로서, 대표적인 패스트푸드로는 햄버거, 치킨 등을 들 수 있으며, 피자, 샌드위치, 도넛 등도 이에 속한다. 바쁜 현대인들이 식사를 준비하거나, 주문 후 기다리는 시간을 최소화했다는 점에서 최근 인기를 끌고 있다.

❖ 특성

장점

- 포장재료는 주로 1회용으로서 종이로 되어 있으며, 간단하게 데우는 정도의 조리과정만 거치면 되기 때문에 초단시간 내 조리가능, 주방에서 소수의 인원으로도 고객의 주문에 재빠른 대응이 가능하다.
- 단시간에 조리 및 식사가 가능하다.

단점

- 열량은 높지만 영양가는 낮고 이의 불균형으로 비만 초래 : 지방과 식품 첨가물 등으로 인하여 맛이 좋고 열량(칼로리)은 높지만, 조절소인 비타민 · 무기염류 · 섬유소 등이 거의 없어 건강에 심각한 문제를 일으킨다. 패스트푸드에는 유해 화학물질이 많이 포함되어 있어 비만과 각종 성인병의 주요 원인이 되고, 정서적으로도 나쁜 영향을 미치고 있어 정크푸드(junk food; 쓰레기음식)라 불리며 인기를 점점 잃어가고 있다.
- 원료육(소, 돼지, 닭 등)의 대량 사육으로 인한 윤리, 환경 등의 문제가 사회문제화되고 있다.

TIP

정크푸드

인체에 해로운 영향을 미칠 수 있는 쓰레기나 잡동사니, 넝마 등과 같은 음식이라는 뜻으로 패스트푸드와 인스턴트 푸드들을 통틀어 일컫는다.

예를 들면, 라면과 라면스프, 소시지와 햄, 어묵, 햄버거, 감자튀김, 피자, 청량음료 등과 같은 것들인데, 이러한 것들은 지방이나 탄수화물은 다량 함유된 반면에 단백질, 비타민, 무기질 등은 거의 없다. 또한 식품의 맛과 보존에 필요한 색소, 감미료, 보존료 등 여러 종류의 식품첨가물들이 많이 들어 있고, 염분과 유해물질 등으로 인하여 비만과 성인병 등이 발병할 수 있다. 심지어 소시지와 햄류에 들어가는 인공색소는 암을 유발할 수 있는 식품첨가물이며, 레토르트식품의 포장재로 인한 환경호르몬 등의 영향을 받아 건강에 해롭다.

정크푸드의 이러한 폐해 때문에 스웨덴에서는 정크푸드의 텔레비전 광고를 금지하고 있고, 유럽연합(EU)과 미국, 캐나다, 호주 등에서도 정크푸드 광고 규제, 초 · 중 · 고교의 정크푸드 자동판매기 설치 금지, 학교 식당의 인스턴트식품 판매금지 등과 관련된 법제화를 추진하고 있다고 한다.

5. 슬로푸드

빨리 먹는 패스트푸드에 반하여 천천히 생산해 먹는다는 의미의 슬로푸드는 우리말로 표현하면 '여유식'이라 할 수 있다.

❖ 슬로푸드 운동의 개요

패스트푸드가 건강과 사회에 부정적인 문제를 발생시키자, 처음에는 패스트푸드에 대한 반대운동으로 시작하여 각 지역에 맞는 다양한 식생활문화를 추구하는 국제운동으로 발전한 식문화 개선 운동으로서, 패스트푸드로 인한 맛의 표준화와 동질화를 벗어나 나라 및 각 지역별 특성에 맞는 전통적인 조리법과 이어받은 식생활문화를 계승하고 발전시킬 목적으로 1986년 이탈리아에서 시작되었다. 슬로푸드 운동은 미국의 맥도날드 햄버거 체인점이 세계적으로 뻗어나가면서 이탈리아까지 진출하여 전통음식을 위협하자 전통음식의 보존 및 미각의 개성을 살리자는 뜻을 모아 발전하게 되었고, 1989년 11월에는 프랑스 파리에서 세계 각국의 대표들이 모여 음식관련 정보의 국제적인 교환, 즐거운 식생활의 권리와 보호를 위한 국제운동을 전개, 산업문명에 따른 식생활 양식 파괴 등을 주요 내용으로 하는 '슬로푸드 선언'을 채택함으로써 공식적으로 출범하게 되었다.

❖ 슬로푸드 운동 활동

1986년 : 미국 패스트푸드의 대명사로 알려진 맥도날드가 이탈리아 로마에 상륙하자 카를로 페트리니(Carlo Petrini; 현재 슬로푸드 운동 회장)와 그의 동료들이 대항하여 미각의 즐거움, 전통음식 보존 등의 기치를 내걸고 전개하기 시작

1989년 : 파리에서 선언문을 발표하면서 국제적인 운동으로 전개, 본부는 이탈리아 북부 브라(Bra)에 있으며, 스위스, 독일, 뉴욕에 사무소가 있다.

2000년 10월 이탈리아 볼로냐에서 제1회 대회 개최 및 슬로푸드 시상대회

2001년 10월 포르투갈의 포르투에서 제2회 대회 개최 및 슬로푸드 시상대회

2001년 : 미국 뉴욕타임스지에서 지구촌 유행 및 발명품으로 슬로푸드 용어 선정

2003년 : 현재 회원국 45개 국가에 회원 수 7만 명

2020년 현재 160여 개국, 십만 명이 넘는 회원이 활동하고 있으며, 심벌은 느린 것을 상징하는 달팽이이다.

우리나라도 이에 동참한 회원국이며, 일부 회원은 시상대회 국제심사위원으로 활동하고 있다.(국제슬로푸드한국협회, https://www.slowfood.or.kr)

국제슬로푸드 운동 정관

슬로푸드 운동은 모든 사람들에게 문호가 개방된 국제적인 비영리기구임을 그 정관에서 명시하고 있으며 그 대략적인 내용은 다음과 같다.

- 즐거움을 누릴 권리, 생활의 리듬에 대한 존경, 자연과의 조화로운 관계를 보호하기 위해 활동한다.
- 음식문화를 연구·시술하고 향상시키며, 어린 아이들에 대한 미각 및 향에 대한 적절한 교육을 개발하고 개별국가의 음식을 존중하면서 농산업의 유산을 보호하고 보전하는 데 힘쓴다.
- 소비자의 권리를 보호하기 위해 자연환경에 대한 올바른 태도를 견지하면서 품질 좋은 산물의 확산에도 힘쓴다.

선언문

1989년도에 채택된 선언문 내용의 일부를 소개하면 다음과 같다.

- 산업문명의 이름하에 전개된 우리 세기는 처음으로 기계의 발명이 이루어졌고, 이후 기계를 생활모델로 삼고 있다. 우리는 속도의 노예가 되었으며, 우리의 습관을 망가뜨리며, 우리 가정의 사생활을 침해하고, 우리로 하여금 패스트푸드를 먹도록 하는 빠른 생활 즉 음흉한 바이러스가 우리 모두를 굴복시키고 있다.
- 호모 사피엔스라는 이름에 상응하기 위해서 사람은 종이 소멸되는 위험에 처하기 전에 속도로부터 벗어나야 한다. 보편적인 어리석음인 빠른 생활에 반대하는 유일한 방법은 물질적 만족을 고정시키는 것이다. 이미 확인된 감각적 즐거움과 느리지만 오래가는 기쁨을 적절하게 누리는 것은 효율성에 대한 흥분에 의해 잘못 이끌린 군중에게서 우리가 감염되는 것을 막을 수 있을 것이다.

우리의 방어는 슬로푸드 식탁에서 시작되어야 한다. 우리는 지역요리의 맛과 향을 다시 발견하고, 품위를 낮추는 패스트푸드를 추방해야 한다. 생산성 향상의 이름으로, 빠른 생활이 우리의 존재방식을 변화시키고, 우리의 환경과 경관을 위협하고 있다. 그러므로 지금 유일하면서도 진정한, 진취적인 해답은 슬로푸드이다.

- 진정한 문화는 미각을 낮추기보다는 미각을 발전시켜야 한다. 이렇게 하는 데는 경험, 지식, 프로젝트의 국제적인 교환이 가장 좋은 방법이다. 슬로푸드는 보다 나은 미래를 보장한다. 슬로푸드는 그것의 상징인 작은 달팽이와 함께 이 운동이 국제운동으로 나아가는 데 도울 능력을 갖춘 다수의 지지자를 필요로 한다.

슬로푸드 시상대회

슬로푸드 운동은 '포도주 컨벤션', '미각의 전당(Hall of Taste)', '슬로푸드 시상대회' 등의 프로젝트를 추진하는데 그중 가장 주목받고 있는 것은 슬로푸드 시상대회이다. 전 세계에서 동물 및 채소, 농산물, 지식, 맛에 관한 유산을 지키고 발전시키는 사람들을 찾아내고, 지원하기 위해 마련된 슬로푸드 시상대회(slow food award)는, 전통적인 영농과 생활방식의 복원 및 보존, 토종 종자 및 식물의 보존, 토종을 이용한 지역경제에의 기여 등과 관련된 업적에 중점을 두고 있다. 그 시상 대상의 주요 업적내용은 다음과 같다.

- 낙타 사육과 우유 공급을 통한 유목민의 생활수준 향상
- 전통적인 꿀벌의 보존과 꿀 추출방법 고안
- 전통적인 영농과 생활방식의 보존, 식물과 작물의 보존
- 평생에 걸친 식물보존 노력
- 멕시코 숲지역에서의 전통적인 바닐라 작물의 보존
- 바다 풀말 및 소금 생산
- 기업형 농업 반대
- 전통적인 방식의 초콜릿 생산 복원과 지역경제에의 기여
- 아르간나무의 보존과 활용을 통한 농촌여성의 생활조건 개선
- 인도 비자 데비(Bija Devi)의 토종 종자 보존을 통한 유기농업 촉진

❖ 로하스(LOHAS)

건강과 지속적인 성장을 추구하는 생활방식 또는 이를 실천하려는 사람이라는 뜻이며, Lifestyles Of Health And Sustainability의 약자이다. 2000년 미국의 내추럴마케팅연구소가 처음 이 용어를 사용하였고, 개인의 정신적 · 육체적 건강뿐 아니라 환경까지 생각하는 친환경적인 소비형태를 보이고 있다.

로하스는 자신의 건강 외에도 후세에 물려줄 자연유산을 위해 장바구니 사용, 천으로 만든 기저귀나 생리대 사용, 일회용품 사용 줄이기, 프린터의 카트리지 재활용 등의 활동에 역점을 두고 있다.

❖ 퀴진상품(cuisine products)

현대화된 사회 속에서 가족 단위의 외식문화가 발달하고, 먹거리에 대한 관심이 높아지면서 음식이나 식품과 관련된 산업발전과 더불어 생성된 음식 및 식생활과 관련된 상품을 말하며, 퀴진상품은 자신이 먹고 싶거나 건강 등에 관련하여 먹을 가치가 있다고 판단되면 값이 비쌀지라도 이용하는 특성이 있다고 한다.

프랜차이즈, 패밀리 레스토랑, 외국의 이색적인 요리를 취급하는 전문음식점, 채식 및 궁중음식, 기타 전문음식점들이 바로 이 퀴진상품에 속하며, 음식점뿐 아니라 텔레비전, 요리강좌, 홈쇼핑 등도 퀴진상품을 탄생시킨 주요 요인으로 꼽히고 있다고 한다.

❖ 웰빙(Well-being)

웰빙을 우리 식으로 직역하면 '잘 산다' 또는 '잘 사는 것'이라고 할 수 있으며, 의역하면 잘 먹고 잘 사는 복지, 안녕, 행복한 삶 등으로 말할 수도 있다. 즉 행복하고 안락한 삶을 지향하는 것을 말하며, 우리말로는 '참살이'라고 번역되어 사용되기도 한다. 물질적인 풍요로 인하여 인간성이 황폐해져 가는 가운데, 육체와 정신이 건강하고 새로운 삶의 방식을 통하여 행복한 생활을 추구하고자 하는 문화적인 현상의 발로라고 할 수 있다.

웰빙은 우리나라에서 2003년부터 그 붐이 일기 시작하였는데, 식생활 면에서 보면 육류보다는 생선 등의 어패류와 채소(특히 유기농)를 좋아하고, 외식이나 패스트푸드보다는 집에서 해 먹을 수 있는 슬로푸드를 지향하고 있다. 또한 비만, 성인병 등을 피하려 적당한 운동 및 식이요법을 시행하기도 하며, 건전한 취미생활 등을 통하여 심신의 건강을 유지하려 하는 행동을 보이는데, 이러한 방식으로 사는 사람들을 웰빙족이라고 한다.

웰빙은 산업의 고도화로 인한 물질적인 부를 중요시하고 정신적인 건강을 가벼이 여기는 잘못된 가치관을 인식하고, 정신적인 건강과 육체적인 건강의 조화를 통하여 아름다운 삶을 영위해 나가고자 하는 사고에서 생겨난 것으로 추측된다.

우리나라도 웰빙무드에 힘입어 슬로푸드나 로하스, 퀴진상품 등이 인기를 끌며 보급되고 있다. 삶의 질을 높이기 위해 빨리빨리 먹고 행동하던 것을 차츰 천천히 먹고 행동하는 쪽으로 방향을 선회하고 있음은 반가운 일이 아닐 수 없다.

참으로 잘 먹고 잘 사는 방법이 무엇인지에 대하여 끊임없는 연구가 지속되어야 할 것이다.

Introduction to
Food Science

부록

부위별 쇠고기 명칭

A 어깨부위

앞다리
어깨부위
살치살
목갈비
갈비본살
부챗살
목심

B,C 갈비, 등심부위

갈비부위
등심부위
안심
치마살
채끝등심
등심

D,E 양지, 갈비부위

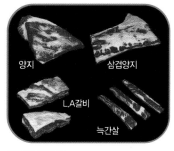

양지
삼겹양지
L,A갈비
늑간살

F 뒷다리부위

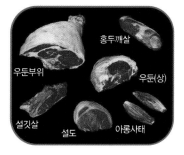

홍두깨살
우둔부위
우둔(상)
설깃살
설도
아롱사태

부위별 쇠고기

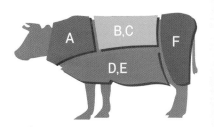

쇠고기 부산물 BEEF VARIETY MEAT
SPECIALTY ITEM

안창살　토시살　우설　굴근건　쇠꼬리　양깃머리

부위별 돼지고기 명칭

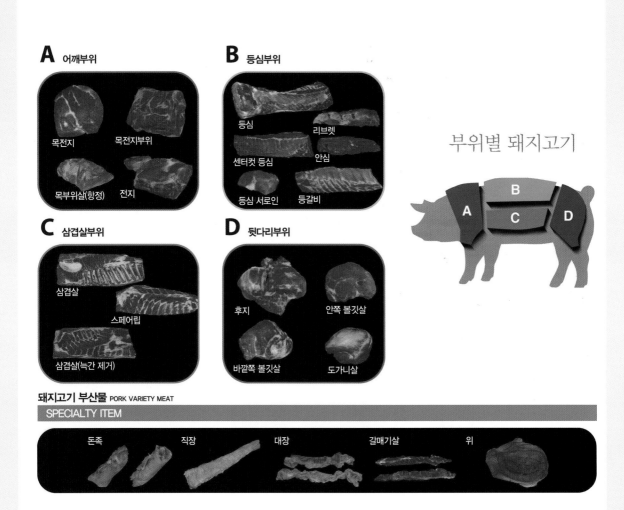

A 어깨부위
- 목전지
- 목전지부위
- 목부위살(항정)
- 전지

B 등심부위
- 등심
- 리브렛
- 센터컷 등심
- 안심
- 등심 서로인
- 등갈비

부위별 돼지고기

C 삼겹살부위
- 삼겹살
- 스페어립
- 삼겹살(늑간 제거)

D 뒷다리부위
- 후지
- 안쪽 볼깃살
- 바깥쪽 볼깃살
- 도가니살

돼지고기 부산물 PORK VARIETY MEAT
SPECIALTY ITEM

- 돈족
- 직장
- 대장
- 갈매기살
- 위

강신욱 외, 알기 쉬운 식품학, 훈민사, 2003.

남궁석 외, 기초식품학, 광문각, 2006.

노완섭 외, 식생활과 건강, 훈민사, 2001.

박원기 외, 한국 식품사전, 신광출판사, 2000.

박정훈, 잘 먹고 잘 사는 법, 김영사, 2004.

오성훈 외, 감미료핸드북, 도서출판 효일, 2002.

임병우 외, 건강기능성 식품학, 도서출판 효일, 2004.

장미라, 식생활과 문화, 신광출판사, 2006.

장정옥 외, 식생활과 문화, 보문각, 2006.

정영도 외, 식품조리재료학, 지구문화사, 2000.

조재선 외, 식품학, 광일문화사, 2000.

진견진, 고구마가 내 몸을 살린다, 한언, 2006.

에모토 마사루, 물은 답을 알고 있다, 더난출판사, 2006.

칼 오레이, 식초, 웅진씽크빅, 2006.

피터 바햄, 요리의 과학, 한승, 2002.

헤럴드 맥기, 음식과 요리, 이데아, 2017.

오혁수 교수, 식품공학박사

(주)호텔롯데 조리팀
신안산대학교 호텔조리과 학과장 역임

(사)한국조리학회 부회장
(사)한국식품영양과학회 논문심사위원
한국산업인력공단 조리기능사, 조리기능장 실기검정 감독위원
한국산업인력공단 국가기술자격 조리이론 및 실기 출제위원
한국교육과정평가원 중등교원임용고시 출제 및 검토위원
한국국제협력단(KOICA) 해외봉사단 기술면접위원
농림수산식품기술기획평가원(농기평) 평가위원
법무부 교정본부 급식 관리위원
식품의약품안전처 자문위원
행정안전부 전문위원
메뉴개발 및 외식컨설턴트
"조리사로 살아남기" 저자
신안산대학교 호텔조리과 교수, 기획처장
ohsu@sau.ac.kr

조리사를 위한 식품학개론

2021년 7월 30일 초판 1쇄 발행
2024년 1월 30일 초판 2쇄 발행

지은이 오혁수
펴낸이 진욱상
펴낸곳 (주)백산출판사
교　정 장경태
본문디자인 이문희
표지디자인 오정은

등　록 2017년 5월 29일 제406-2017-000058호
주　소 경기도 파주시 회동길 370(백산빌딩 3층)
전　화 02-914-1621(代)
팩　스 031-955-9911
이메일 edit@ibaeksan.kr
홈페이지 www.ibaeksan.kr

ISBN 979-11-6567-346-8　93570
값 28,000원